Pocket Power

Gerd F. Kamiske
Jörg-Peter Brauer

ABC des Qualitäts-
managements

3. Auflage

HANSER

Inhalt

Einleitung

Bedeutung von Qualität

Über Qualität wird in jedem Unternehmen und in jeder Branche gesprochen. Die grundsätzliche Bedeutung von Qualität ist unbestritten, da davon auszugehen ist, dass auf lange Sicht der Erfolg eines Unternehmens aus der überlegenen Qualität seiner Produkte gegenüber dem Wettbewerb resultiert. Darüber hinaus bietet die Fokussierung auf die Qualität der Prozesse betriebswirtschaftliche Potenziale an, deren Ausschöpfung einen Kostenvorteil gegenüber den Wettbewerbern zulässt.

Dies wird bei ausgeprägtem Wettbewerb und unter sich immer schneller verändernden Gegebenheiten immer wichtiger, kann jedoch nur erfolgreich in die Tat umgesetzt werden, wenn die Unternehmen auf sich ändernde Kundenwünsche schnell reagieren.

Den Ansatz hierfür bieten Strategien im Sinne von Total Quality Management (TQM), die das gesamte Unternehmen und all seine Mitarbeiter einbeziehen und noch darüber hinausgehen. Dazu gehört das Begreifen von Qualität als Denkeinheit, die nicht nur eine technische Komponente besitzt, sondern auch von der Geisteshaltung bestimmt wird. Hinzu kommt die Berücksichtigung der vielfältigen Einflussfaktoren, mit denen das Unternehmen in Wechselwirkung steht. Neben Aspekten der Wirtschaftlichkeit zählen ganz besonders Kundenzufriedenheit, Mitarbeitereinbeziehung und vertrauensvolle Lieferanten dazu.

Benutzerhinweise

Für den Leser sollte von vornherein klar sein: Dieses Buch muss nicht Seite für Seite durchgearbeitet werden. Dazu wird wohl meist auch gar nicht die Zeit vorhanden sein. Im Vordergrund steht vielmehr die kurze und prägnante Information zu einem Thema, speziell für den eiligen Leser. Zu diesem Zweck wurde das Buch in erster Linie konzipiert, als ein Nachschlagewerk, nicht als ein Lesebuch. Aus diesem Grunde erscheint das schnelle und zielsichere Auffinden der gewünschten Information besonders wichtig, was durch die alphabetische Sortierung der Begriffe und das Inhaltsverzeichnis gewährleistet ist. Die besonders hervorgehobenen Querverweise im fortlaufenden Text lassen weitere Zusammenhänge offenbar werden und führen den Leser zu den entsprechenden Begriffen.

Bausteine des Qualitätsmanagements

Audit

Unter einem Audit versteht man die systematische, unabhängige Untersuchung einer Aktivität und deren Ergebnisse, durch die Vorhandensein und sachgerechte Anwendung spezifizierter Anforderungen beurteilt und dokumentiert werden. Audits sind also moderne Informationssysteme, mit denen man zu einem bewerteten Bild über Wirksamkeit und Problemangemessenheit von qualitätssichernden Aktivitäten kommt. Es sollen Schwachstellen aufgezeigt, Verbesserungsmaßnahmen angeregt und deren Wirkung überwacht werden. Damit ist das Audit auch als Führungsinstrument anzusehen, das zur Vorgabe von Zielen und zur Information des Managements über die Zielerreichung eingesetzt werden kann.

Es sind drei Arten von Audits zu unterscheiden, die auch unter der Bezeichnung Qualitätsaudit zusammengefasst werden: Produkt-, Verfahrens- und Systemaudit (vgl. **Produktaudit, Verfahrensaudit, Systemaudit**). Grundsätzlich lassen sich jedoch einige gemeinsame Aufgaben und Auswirkungen von Audits formulieren:

▶ Überprüfung der Ausführung im Hinblick auf Übereinstimmung mit den festgelegten Produktmerkmalen (vgl. **Produktaudit**).

▶ Feststellung der Angemessenheit von Richtlinien bzw. Vorschriften und Maßnahmen im Hinblick auf das angestrebte Ziel.

▶ Begutachtung von Arbeitsbereichen, Tätigkeiten und Abläufen (vgl. **Verfahrensaudit**).

▶ Beurteilung der erreichten Fortschritte der Qualitäts-
aktivitäten.

▶ Erwecken der Aufmerksamkeit aller Beteiligten bezüglich
der Qualitätsanforderungen.

▶ Förderung der Ständigen Verbesserung (vgl. **Ständige
Verbesserung**).

▶ Systematische Bewertung des Qualitätsmanagementsystems und der Dokumentation (vgl. **Qualitätsmanagementsystem**).

Audits können von eigenen Mitarbeitern, von Kunden oder
von neutralen externen Stellen durchgeführt werden. Entsprechend gibt es interne Audits, die von Angehörigen des
eigenen Unternehmens z. B. werksintern oder auf Konzern-
ebene zur Beobachtung der Qualitätsentwicklung bzw. zum
Vergleich der Leistungsfähigkeit von einzelnen Unterneh-
mensteilen durchgeführt werden. Auch kann damit ein ver-
trauensvolles Bild an potenzielle oder tatsächliche Kunden
übergeben und ein negatives Ergebnis im Rahmen eines
externen Audits vermieden werden. Interne Audits sind auch
regelmäßig Bestandteil von Qualitätsmanagementsystemen.
Die Beurteilung der Qualitätssituation bei einem Zulieferanten und deren Nachweis bzw. Dokumentation aufgrund
gesetzlicher Bestimmungen geschieht durch externe Audits,
meist im Rahmen von Systemaudits (vgl. **Systemaudit**). Diese
werden in der Regel von allgemein anerkannten Institutionen
vorgenommen und haben oft den Charakter einer Zertifizierung, schließen also die Vergabe eines Zertifikates ein,
welches dem auditierten Unternehmen einen bestimmten
Qualitätsstandard sowie das Vorhandensein und die Wirksamkeit eines Qualitätsmanagementsystems bescheinigt (vgl.
Qualitätsmanagementsystem).

Eine sorgfältige Planung ist stets Voraussetzung für den Erfolg eines Audits. Dieser hängt jedoch auch in besonderem Maße von der Qualifikation der ausführenden Mitarbeiter (Auditoren) ab. Weiterhin ist die konsequente Durchführung durch ein entsprechendes Audit-Team wichtig. Grundlage ist aber vor allem die wirksame Unterstützung durch das Management, um eine genügende Beachtung der gesamten Maßnahme sicherzustellen. Vor Beginn der eigentlichen Durchführung sind geeignete Checklisten auszuarbeiten, nach denen dann vorzugehen ist. Zum Abschluss werden die Ergebnisse in einem Auditbericht dokumentiert, der auch dem Management zugehen sollte. Aus Gründen der Übersichtlichkeit, Vollständigkeit und Auswertbarkeit empfiehlt sich die Verwendung von Formblättern. Der Auditbericht ist außerdem Grundlage für die Durchführung von angeregten Verbesserungsmaßnahmen, deren Einhaltung und Wirksamkeit dann wieder auditiert wird.

Produktaudit

Das Produktaudit ist die Untersuchung einer kleinen Zahl von fertigen Produkten auf Übereinstimmung mit den vorgegebenen Spezifikationen. Es erfolgt als nachträglich feststellende Überprüfung im Sinne einer Momentaufnahme aus der Sicht des Auftraggebers, Kunden oder Anwenders. Dabei ist besonders auf die Erfüllung der spezifischen Kundenanforderungen zu achten, so dass für die Zukunft eine fehlervermeidende Wirkung erreicht werden kann. Obwohl die statistische Aussagekraft aufgrund des geringen Stichprobenumfangs zunächst nur mäßig erscheint, kann dies durch eine entsprechende Sorgfalt und Gründlichkeit in gewisser Weise ausgeglichen werden. Es können systematische Fehler, Fehlerschwerpunkte und langfristige Qualitätstrends ermittelt werden (vgl. **Stichprobenprüfung, Statistische Prozessregelung**). Der jeweils erforderliche Stichprobenumfang richtet sich nach der Komplexität des Produktes.

Bei dem Audit des Produktes aus Kundensicht sollten schon die verwendeten Checklisten eine Bewertung nicht nur nach betriebsinternen Kriterien, sondern speziell auch aus der Kundensichtweise heraus ermöglichen. Als Entscheidungshilfe ist ein verbindlicher Fehlerkatalog aufzustellen, der eine Einstufung möglicher Fehler aus Kundensicht vorgibt. Werden die festgestellten Fehler mit Punkten bewertet und gewichtet, kann aus den Ergebnissen die sog. Qualitätskennziffer (QKZ) berechnet werden. Sie setzt die Summe der Fehlerpunkte zur Anzahl der geprüften Teile ins Verhältnis und wird auf das zugrunde liegende Punktesystem normiert.

Verfahrensaudit

Das Verfahrensaudit, auch als Prozessaudit bezeichnet, untersucht die Wirksamkeit der im Unternehmen eingesetzten Prozesse bzw. Verfahren. Dabei soll sichergestellt werden, dass die vorgegebenen Anforderungen eingehalten werden und für die jeweilige Anwendung zweckmäßig sind. Besonders wichtig ist es, das Verfahrensaudit auch als Instrument zur Prozessverbesserung zu erkennen und entsprechend zu nutzen. Durch geeignete Darstellung der Auditergebnisse können bereits erste Ansätze für später durchzuführende Prozessanalysen gewonnen werden.

Systemaudit

Das Systemaudit dient zum Nachweis der Wirksamkeit und Funktionsfähigkeit einzelner Elemente oder des gesamten Qualitätsmanagementsystems eines Unternehmens (vgl. **Qualitätsmanagementsystem**). Basis des Systemaudits ist der Audit-Fragenkatalog, der sich grundsätzlich an der branchenneutralen Normenreihe DIN EN ISO 9000–9004 orientiert. Das externe Systemaudit kann durch den Kunden selbst (kundenspezifisches Systemaudit) oder durch eine neutrale Zertifizierungsstelle durchgeführt werden (vgl. **Zertifizierung**). Dabei auditiert die neutrale Zertifizierungsstelle das Qualitätsmanagementsystem eines Unternehmens auf dessen Auftrag hin und vergibt bei Erfüllung der Anforderungen nach DIN EN ISO 9001 ein Zertifikat. In vielen Branchen gehört das neutrale Zertifikat mittlerweile zum Standard eines Angebots. Über die hier beschriebenen Qualitätsaudits hinaus sind Audits für viele Beurteilungen durchführbar wie z. B. für die Wirksamkeit von Umweltschutzmaßnahmen oder des Arbeitsschutzes.

Balanced Scorecard (Ausgewogenes Kennzahlensystem)

Um Veränderungen, möglichst Verbesserungen, von Unternehmen messen zu können, sind gut überlegte und ausgewählte Kennzahlen erforderlich. Das Übergewicht von Finanzkennzahlen in der Vergangenheit wird durch aktivierende Kennzahlen gemildert. Dazu gehören in diesem Falle Kennzahlen, die die Prozesse beschreiben, die die Innovationsfähigkeit zum Ausdruck bringen und die die Kundenbeziehung darstellen. Die Unternehmensführung kann anhand dieser ausgewogenen Kennzahlen steuernd eingreifen, indem sie die Verbesserung von Prozessen betreiben lässt, die Innovationsfähigkeit belebt und die unerlässliche Kundennähe beachtet. Damit ist die finanziell stabile Zukunftsge-

staltung von Unternehmen seitens der Leitung im Wesentlichen kanalisiert.

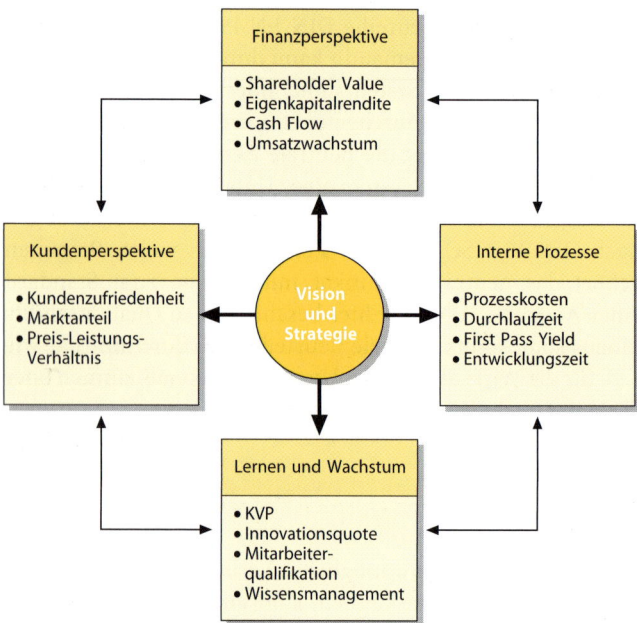

Bild 1: *Balanced Scorecard*

Benchmarking

Benchmarking ist der Prozess des Vergleichens und Mes-
sens der eigenen Produkte, Dienstleistungen und Prozesse
mit den besten Wettbewerbern oder mit den anerkannten
Marktführern. Diese Unternehmen bzw. Organisationen, die
einen zu untersuchenden Prozess, ein Produkt oder eine

Dienstleistung hervorragend beherrschen, werden dabei als Klassenbeste (Best in Class) bezeichnet. Im Vergleich zu diesen sollen Unterschiede zum eigenen Unternehmen erkannt und Möglichkeiten zur Verbesserung aufgezeigt werden. Ziel des Benchmarkings ist es, aus dem Vergleich mit den Besten zu lernen, die wirkungsvollsten Methoden (Best Practice) herauszufinden, zu übernehmen und die Leistungsfähigkeit des eigenen Unternehmens zu steigern, um selbst die Spitzenposition als Bester der Besten (Best of the Best) zu erreichen. Die Japaner bezeichnen dieses Streben mit dem Ausdruck Dantotsu.

Damit geht Benchmarking nicht nur über den klassischen und längst bekannten Unternehmens- bzw. Betriebsvergleich hinaus, sondern auch über Wettbewerbsbeobachtung in ihren verschiedenen Formen, wie z. B. Konkurrenzanalyse, Produktimitation oder sogar Reverse Engineering.

Grundsätzlich lassen sich drei Arten des Benchmarkings unterscheiden, wobei unterschiedliche Leistungs- bzw. Vergleichsmaßstäbe angelegt werden können.

Internes Benchmarking (Internal Benchmarking)

Benchmarking innerhalb eines Unternehmens bezüglich der geschäftlichen Vorgehensweise. Es können einzelne Unternehmen eines Konzerns, verschiedene Standorte, Cost- bzw. Profitcenter, Abteilungen, Gruppen und sogar Arbeitsplätze verglichen werden Durch leichte Datenerfassung können ohne großen Aufwand brauchbare Ergebnisse erzielt werden, jedoch ist der Blickwinkel insgesamt begrenzt, da nur auf das eigene Unternehmen ausgerichtet. Hier spielen mögliche innere Barrieren und Abteilungsdenken eine wichtige

Rolle, die einkalkuliert, oder besser überwunden werden müssen.

Wettbewerbsorientiertes Benchmarking (Competitive Benchmarking)

Benchmarking mit unternehmensexternen, direkten Wettbewerbern bezüglich des gleichen oder eines sehr ähnlichen Produkts ist eine besonders überzeugende Art des Vergleichs. Die Betrachtung wird auf Abläufe und Prozesse sowie deren Wirkung auf Kunden ausgeweitet. Unter direkten Wettbewerbern ist es in der Regel einfacher, vergleichbare Produkte oder Prozesse zu identifizieren. Auch die eindeutige Positionierung beider Unternehmen im Wettbewerb ist meist möglich. Hinzu kommt eine relativ hohe Akzeptanz des Verfahrens im Unternehmen sowie die Beschäftigung mit direkt anwendbaren, geschäftsrelevanten Informationen. Problematisch könnte sich die Datenerfassung gestalten, da es sich hier wahrscheinlich um vertrauliche Informationen handelt.

Funktionales Benchmarking (Functional Benchmarking)

Benchmarking mit den Klassenbesten (Best in Class), die einen Prozess, ein Produkt oder eine Dienstleistung unabhängig von der Branche hervorragend beherrschen, oder mit den anerkannten Marktführern. In dieser anspruchsvollsten und umfassendsten Art des Benchmarkings liegt auch das größte Potenzial zum Finden neuartiger Lösungen. Neben dem Herausfinden des Klassenbesten und der zeitaufwendigen Untersuchung erhält hier die Fähigkeit des Beobachters besonderes Gewicht, die wirkungsvollsten Methoden (Best Practice) und ihre möglichen Anwendungen für das eigene

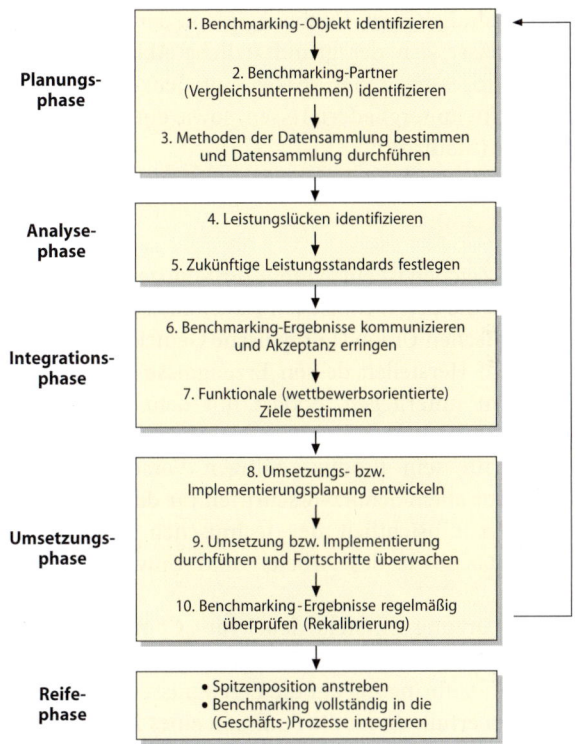

Bild 2: *Phasen des Benchmarkings*

Unternehmen zu erkennen. Vertraulichkeit von Informationen stellt branchenübergreifend meist kein Problem dar, weil keine direkte Konkurrenzsituation vorliegt. Schwieriger kann sich allerdings die Umsetzung der gewonnenen Erkenntnisse im eigenen betrieblichen Umfeld gestalten. Hier ist es förderlich, wenn die zugrunde liegenden Kundenforderungen möglichst ähnlich sind. Unabhängig von der Art des Benchmarkings lässt sich der grundsätzliche Ablauf des Benchmarking-Prozesses in vier Phasen einteilen, die sich in zehn Einzelschritte untergliedern lassen, sowie eine abschließende Reifephase (Maturity).

CE-Zeichen

Das CE-Zeichen ist ein Symbol zur Kennzeichnung von Erzeugnissen, die den technischen Harmonisierungsrichtlinien der Europäischen Union (Europäische Gemeinschaft) gerecht werden. Ein Hersteller, dessen Erzeugnisse der Kennzeichnungspflicht unterliegen, erklärt mit dem Anbringen des CE-Zeichens gegenüber der Gewerbeaufsicht die Konformität mit allen für sein Produkt gültigen Vorschriften. Damit sind hier vor allem Schutzvorschriften für den Benutzer und Verbraucher hinsichtlich der technischen Sicherheit, des Gesundheits- sowie des Arbeits- und Umweltschutzes gemeint.

Die Abkürzung CE steht dabei für „**C**ommunauté **E**uropéenne" (Europäische Gemeinschaft) und wird auch als Symbol zur Aufbringung auf die Erzeugnisse verwendet. Das CE-Zeichen erfüllt damit die Funktion eines EG-Freihandelszeichens, das Erzeugnisse ausweist, die den gemeinsamen Regeln entsprechen und die erforderlichen Prüfungen bestanden haben.

In den Richtlinien der Europäischen Union ist auch geregelt, welche Verfahren anzuwenden sind, um die Übereinstimmung der Produktmerkmale mit den vorgeschriebenen Anforderungen nachzuweisen. Dieser Vorgang wird Konformitätsbewertung genannt. Die Verfahren zur Konformitätsbewertung sind in ein System von Prüfbausteinen unterteilt, die als Module bezeichnet werden. Welche der Module für den einzelnen Hersteller zutreffen, ist in den jeweiligen Richtlinien festgelegt und richtet sich u. a. nach der Produktart und den von dem Produkt ausgehenden Gefährdungen.

Change Management

Change Management ist ein Prozess der Planung und Realisierung von tief greifenden Veränderungen in Organisationen, die von den Menschen in den Organisationen vollzogen werden müssen. Um die Veränderungen im weitgehenden Konsens durchzuführen, sie rational vollziehen zu können, sind Methoden anwendbar, die in unmittelbarer Nähe zum umfassenden Qualitätsmanagement stehen. Z. B. sind das (siehe **Pocket Power Change Management**)

▶ die Selbstbewertung anhand der Kriterien des EFQM Excellence Model,
▶ ein ausgewogenes Kennzahlensystem (Balanced Scorecard),
▶ Projektmanagement,
▶ Prozessmanagement und
▶ bereichs- und hierarchieübergreifende Kommunikation.

Company-Wide Quality Control (CWQC)

Company-Wide Quality Control ist eine Bezeichnung für ein unternehmensweites Qualitätskonzept, das qualitätsrelevante Aktivitäten im Unternehmen erfasst und besonders die Mitarbeiter auf allen Hierarchieebenen einbezieht. Alle Tätigkeiten im Produktentstehungsprozess haben dabei die Erfüllung der Kundenanforderungen zum Ziel.

Dem Company-Wide Quality Control-Konzept liegt die Qualitätsphilosophie des Japaners Ishikawa zugrunde, von dem dieser Ansatz auch entwickelt wurde. Folgende Kernaussagen lassen sich treffen:

▶ Qualität ist wichtiger als kurzfristiger Gewinn.
▶ Kundenorientierung im gesamten Produktentstehungsprozess.
▶ Aufbau von Kunden-Lieferanten-Beziehungen im gesamten Unternehmen.
▶ Verwendung von Daten und Fakten mit Hilfe statistischer Methoden (vgl. **Statistische Prozessregelung**).
▶ Berücksichtigung von humanitären und sozialen Gesichtspunkten.
▶ Einbeziehung und Mitwirkung sämtlicher Mitarbeiter, vom Management bis zur ausführenden Ebene.
▶ Einführung von Qualitätszirkeln auf allen Hierarchieebenen (vgl. **Qualitätszirkel**).

Computer Aided Quality Management (CAQ)

Unter Computer Aided Quality Management versteht man die EDV-unterstützte Festlegung der Qualitätspolitik und deren Ziele sowie die rechnerunterstützten qualitätsbezogenen Maßnahmen zur Planung, Lenkung, Sicherung und Verbesserung im Unternehmen. Damit wird der gesamte Produktionsprozess begleitet, womit alle operativen und dienstleistenden Bereiche einbezogen sind.

Dabei ist Quality Management (Qualitätsmanagement) der Oberbegriff (vgl. **DIN EN ISO 9000 ff.: 2000, Qualitätsmanagement und Qualitätssicherung**). Qualitätssicherung ist eine Untermenge – die auf Qualitätssicherung bezogene EDV-

Unterstützung wird entsprechend Computer Aided Quality Assurance genannt.

Demnach schafft erst die organisatorische und datenmäßige Verbindung verschiedener CAQ-Funktionen ein ganzheitliches CAQ-System. Mögliche Funktionen bzw. Komponenten eines CAQ-Systems werden im Folgenden kurz aufgeführt, die jeweiligen Aufgaben sind stichwortartig umrissen:

▶ *Prüfplanung:* Stammprüfplanverwaltung, Prüfauftragsplanung und -erstellung, Prüfauftragsverwaltung.

▶ *Qualitätsnachweise:* Wareneingangsprüfung, fertigungsbegleitende Prüfung, Warenausgangsprüfung, Reklamationsbearbeitung.

▶ *Prüfmittelverwaltung:* Prüfmittelplanung, -konstruktion, -bereitstellung, -überwachung, -ersatz.

▶ *Dokumentation:* Zeichnungen, Spezifikationen, Prüfanweisungen, Arbeitsanweisungen, Qualitätsmanagementhandbuch (vgl. **Qualitätsmanagementhandbuch**).

▶ *Statistische Methoden:* Versuchsplanung (Design of Experiments, DoE), Einflussgrößenanalyse, Varianzanalyse, Regressionsanalyse, Sicherheitsbeurteilung, Risikoanalyse, Signifikanzprüfung, Statistische Prozessregelung (SPR, Statistical Process Control, SPC), Stichprobenmethode (vgl. **Statistische Prozessregelung, Stichprobenprüfung, Versuchsplanung**).

▶ *Fehlermanagement:* Erkennen und behandeln von aufgetretenen Fehlern in allen Phasen, korrigieren und überwachen von Fehlerursachen, präventive Fehlerverhütung durch Analyse und Planung.

▶ *Qualitätsplanung:* Präventive Fehlervermeidung durch Analyse und Planung, Festlegen von Qualitätskriterien als

Plandaten für das eigene Unternehmen auf der Basis von Benchmarking-Ergebnissen.

Im Rahmen von CAQ-Systemen liegen die Qualitätsdaten grundsätzlich in drei Formen vor, deren sorgfältige Trennung eine wichtige Voraussetzung für das Funktionieren des Systems bildet. Dies sind Vorgabedaten (Solldaten im Prüfplan), Prüfdaten (Istdaten durchgeführter Prüfungen) und Ergebnisdaten (bewertete und verdichtete Prüfdaten). Dabei erlangt die informationstechnische Integration der Einzelfunktionen des gesamten Unternehmens zu einem umfassenden System aus Aufgaben, Daten und Technik eine besondere Bedeutung.

Demings Management-Programm

Demings Management-Programm ist eine zusammenfassende Bezeichnung für die von W. E. Deming seit den 50er-Jahren entwickelte und zunächst in Japan eingeführte Unternehmensphilosophie. Seit den 80er-Jahren wird diesen Gedanken auch in den westlichen Industrienationen verstärkte Aufmerksamkeit und Anerkennung zuteil. Viele Positionen, die Deming vertritt, sind für sich genommen weder neu noch unbekannt. In ihrer Gesamtheit entwickeln sie sich jedoch zu einer neuen Qualitätsphilosophie.

Das Management-Programm hat mehrere Bestandteile, die erst alle zusammen ihren umfassenden und das gesamte Unternehmen durchdringenden Charakter entfalten. Diese Philosophie ist auf Qualität und Ständige Verbesserung des Produktionsprozesses ausgerichtet, wobei alle Mitarbeiter des Unternehmens einbezogen werden müssen, von der obersten Geschäftsleitung bis zum Werker/zur Werkerin. Besonders wichtig ist ein klares Bekenntnis des Top-Managements zur Qualität, denn Deming geht davon aus, dass meist radikale

Änderungen in der Ausrichtung des Unternehmens nötig sind, die nur von der Spitze aus durchgeführt werden können.

Die Deming'sche Qualitätsphilosophie ist durch drei Grundhaltungen geprägt, in deren Vorhandensein die Voraussetzung für eine erfolgreiche Anwendung des gesamten Management-Programms zu sehen ist:

Jede Aktivität kann als Prozess aufgefasst und entsprechend verbessert werden.

Problemlösungen allein genügen nicht, Veränderungen am System sind erforderlich.

Die oberste Unternehmensleitung muss handeln, die Übernahme von Verantwortung ist nicht ausreichend.

Die einzelnen Bestandteile des Management-Programms sind:

- ► Die 14 Punkte
- ► Die sieben tödlichen Krankheiten
- ► Hindernisse und Falsche Starts
- ► Die Demingsche Reaktionskette
- ► Das Prinzip der Ständigen Verbesserung – Der Deming-Zyklus

Im Folgenden werden die einzelnen Teile kurz erläutert, wobei der Begriff der Ständigen Verbesserung aufgrund seiner besonderen Bedeutung weiter unten gesondert behandelt wird (vgl. **Ständige Verbesserung**).

Demings 14 Punkte

Die 14 Punkte sind das Kernstück von Demings Philosophie, ihr umfassender Gestaltungsgehalt wird bei näherer Betrachtung offenbar. Sie bilden eine Zusammenfassung in Form von Management-Prinzipien, die hier wiedergegeben werden. Ihre Anwendung scheint auf den ersten Blick nur für die Produktion bestimmt, muss aber im Sinne einer unternehmensweiten Qualitätsphilosophie ausdrücklich auf alle Bereiche ausgedehnt werden.

1. Schaffe einen feststehenden Unternehmenszweck (Constancy of Purpose) in Richtung auf eine Ständige Verbesserung von Produkt und Dienstleistung.
2. Wende die neue Philosophie an, um wirtschaftliche Stabilität sicherzustellen.
3. Beende Notwendigkeit und Abhängigkeit von Vollkontrollen, um Qualität zu erreichen.
4. Beende die Praxis, Geschäfte auf der Basis des niedrigsten Preises zu machen.
5. Suche ständig nach den Ursachen von Problemen, um alle Systeme von Produktion und Dienstleistung sowie alle anderen Aktivitäten im Unternehmen beständig und immer wieder zu verbessern (Continuous Improvement Process, CIP) (vgl. **Ständige Verbesserung, KVP**).
6. Schaffe moderne Methoden des Trainings und des Wiederholtrainings direkt am Arbeitsplatz und für die Arbeitsaufgabe.
7. Setze moderne Führungsmethoden ein, die sich darauf konzentrieren, den Menschen (und Maschinen) zu helfen, ihre Arbeit besser auszuführen.
8. Fördere effektive, gegenseitige Kommunikation sowie andere Mittel, um die Atmosphäre der Furcht innerhalb des gesamten Unternehmens zu beseitigen.
9. Beseitige die Abgrenzung der einzelnen Bereiche voneinander.
10. Beseitige den Gebrauch von Aufrufen, Plakaten und pauschalen Ermahnungen.
11. Beseitige Leistungsvorgaben, die zahlenmäßige Quoten (Standards) und Ziele für die Werker festlegen.

12. Beseitige alle Hindernisse, die den Werkern und den Vorgesetzten das Recht nehmen, auf ihre Arbeit stolz zu sein.

13. Schaffe ein durchgreifendes Ausbildungsprogramm und ermuntere zur Selbstverbesserung für jeden Einzelnen.

14. Definiere deutlich die dauerhafte Verpflichtung des Top-Managements zur Ständigen Verbesserung von Qualität und Produktivität.

Die sieben tödlichen Krankheiten

Als die sieben tödlichen Krankheiten bezeichnet Deming solche Verstöße gegen die 14 Punkte, die besonders negative Folgen nach sich ziehen und schließlich zum Scheitern des gesamten Management-Programms führen können.

1 . Fehlen eines feststehenden Unternehmenszweckes.

2. Betonung von kurzfristigen Gewinnen.

3. Jährliche Bewertung, Leistungsbeurteilung, persönliches Beurteilungssystem.

4. Hohe Fluktuation in der Unternehmensleitung, Springen von Firma zu Firma.

5. Verwendung von Kenngrößen durch das Management ohne Berücksichtigung von solchen Größen, die unbekannt oder nicht eindeutig auszudrücken sind.

6. Überhöhte soziale Kosten.

7. Überhöhte Kosten aus Produkthaftpflichturteilen.

Hindernisse und Falsche Starts

In Erweiterung der „sieben tödlichen Krankheiten" sind anhand einer Vielzahl von praktischen Beispielen die Hindernisse und die Falschen Starts bei einer Einführung des Management-Programms festgestellt worden.

Die Hindernisse

▶ Eine Einschätzung des notwendigen Aufwandes bzw. der erforderlichen Sorgfalt, um das Programm erfolgreich einzuführen, fehlt.

▶ Die Erwartung kurzfristiger Ergebnisse.

▶ Die Annahme, dass Mechanisierung, Automatisierung, Computerisierung den Durchbruch erzwingen können.

Die Falschen Starts

Falsche Starts liegen regelmäßig vor, wenn versucht wird, zu schnell zu Ergebnissen zu kommen. Es wird mit einer falschen Maßnahme begonnen bzw. versucht, nur einen Teil des Management-Programms einzuführen. Dadurch ist die gesamte Maßnahme von vornherein zum Scheitern verurteilt, weil die Effekte des Zusammenwirkens der einzelnen Teile bzw. der 14 Punkte untereinander nicht verstanden oder nicht beachtet wurden.

Deming'sche Reaktionskette

Die Deming'sche Reaktionskette führt auf der Basis der 14 Punkte die Sicherheit von Arbeitsplätzen (und die Sicherung des Fortbestandes des Unternehmens) auf das Vorhandensein und die Ständige Verbesserung von Qualität zurück. Die einzelnen Bestandteile der Kette sind: verbesserte Qualität $\rightarrow$ verbesserte Produktivität $\rightarrow$ sinkende Kosten $\rightarrow$ wettbewerbsfähige Preise $\rightarrow$ sichere Marktanteile $\rightarrow$ Festigung des Unternehmens $\rightarrow$ sichere Arbeitsplätze $\rightarrow$ gesichertes Unternehmen. Eine Abkürzung dieser Reaktionskette ist nach Deming nicht möglich.

DIN EN ISO 9000 ff.: 2000

Die im Jahre 1987 entstandene, 1994 überarbeitete und 2000 reformierte Norm beschreibt Qualitätsmanagementsysteme.

Nach diesen Normempfehlungen erfolgen die Zertifizierungen, sofern die Erwartungen erfüllt werden. Das Verdienst dieser Norm in Verbindung mit der Erfüllung von Voraussetzungen ist die Einbeziehung der Geschäftsleitungsebene bei der Auditierung zum Zwecke der Zertifizierung.

Mit der reformierten Ausgabe des Jahres 2000 wird ein großer Schritt in Richtung Total Quality Management gemacht. Während die bisherige Begriffsnorm ISO 8402 in der ISO 9000: 2000 aufgeht, ist ISO 9001: 2000 die für die Zertifizierung zugrunde zu legende Nachweisnorm. ISO 9002 und 9003 entfallen. DIN EN ISO 9004 ist wie bisher der Leitfaden zur Leistungsverbesserung. Die Leitung wird noch stärker in die Verantwortung für Qualität genommen. Die Qualitätspolitik enthält zusätzlich die Pflicht zur Ständigen Verbesserung. Sichergestellt werden muss der Informationsfluss zu den Mitarbeitern. Aufgewertet wurde auch die Schulung, über das Thema Qualität hinausgehend bis zur Unternehmenskultur zur Steigerung des Qualitätsbewusstseins. Die Prozessorientierung wird stärker hervorgehoben letztlich mit dem Ziel, Kunden zufrieden zu stellen. Diese Normen sind branchenunabhängig anwendbar. Gültig ist die jeweils aktuelle Fassung – zur Zeit der Drucklegung ISO 9000: 2005, ISO 9001: 2008, ISO 9004: 2008.

EFQM Excellence Award (EEA)

Vor dem Hintergrund der verstärkten Qualitätsförderung in Japan und in den USA wurde auch eine europäische Qualitätsauszeichnung geschaffen und 1992 erstmals verliehen.

Entwickelt wurde diese Auszeichnung von der European Foundation for Quality Management (EFQM) in Zusammenarbeit mit anderen Organisationen und Unternehmen. Ziel ist es, die Position europäischer Firmen auf dem Weltmarkt zu stärken. Dazu soll die Bedeutung von Qualität als Erfolgsfaktor hervorgehoben werden. Die Auszeichnung – seit 2006 EFQM Excellence Award (EEA) genannt statt bisher European Quality Award (EQA) – wird an solche Unternehmen verliehen, die besondere Anstrengungen auf dem Gebiet von Total Quality Management vorzuweisen haben.

Grundlage für den EEA ist das EFQM-Modell für Excellence. Es wurde zunächst als stark qualitätsbezogenes Modell eingeführt und später mehrfach verändert, um auch die erweiterte Ausrichtung auf hervorragende Leistungen im Wettbewerb auszudrücken. Das EFQM-Modell ist in neun Hauptkriterien unterteilt und als ein Total Quality Management-Modell zu verstehen, das alle Managementbereiche abdeckt. Es hat zum Ziel, den Anwender zu exzellentem Management und exzellenten Geschäftsergebnissen zu führen. Dabei betrachtet das Modell sowohl die Ergebnisse in Form von vier Ergebniskriterien als auch das, was zu diesen Ergebnissen führt, nämlich fünf sogenannte Befähigerkriterien. Diese Kriterien sind weiter unterteilt in insgesamt 32 Teilkriterien, zu denen es noch zahlreiche Erläuterungen gibt.

Um den EFQM Excellence Award können sich alle europäischen Unternehmen bzw. Organisationen jährlich bewerben. Im Beurteilungsprozess werden die eingereichten Unterlagen von speziell ausgebildeten Assessoren bewertet und anschließend einer Jury vorgelegt, die darüber entscheidet, in welchen Unternehmen Audits durchgeführt werden. Die Preisträger werden in einem Schlussreview ermittelt.

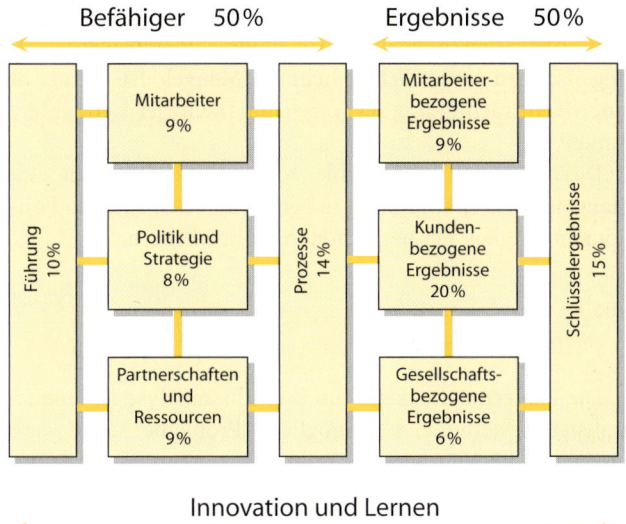

Bild 3: *Das EFQM-Modell für Excellence*

Fehler und Mangel

Ein Fehler ist nach DIN EN ISO 9000: 2000 allgemein die Nichterfüllung (Nichtkonformität) einer festgelegten Forderung. Dabei werden unter Forderung speziell auch Qualitäts- und Zuverlässigkeitsmerkmale verstanden. Über mögliche oder notwendige Folgen dieser Nichterfüllung ist hierbei nichts ausgesagt, so dass jede Abweichung von vorgegebenen Anforderungen demnach als Fehler zu betrachten ist.

Ebenfalls nach DIN EN ISO 9000: 2000 wird unter Mangel die Nichterfüllung einer auch nur beabsichtigten Forderung oder einer berechtigten, den Umständen angemessenen Erwartung für den Gebrauch einer Einheit verstanden, wobei Sicherheitsaspekte ausdrücklich eingeschlossen werden. Im Gegensatz zu einem Fehler hebt ein Mangel also immer auf eine Beeinträchtigung der Verwendbarkeit der betrachteten Einheit ab.

Das Auftreten eines Fehlers kann, das Auftreten eines Mangels muss zwangsläufig zu Fehlfunktionen oder zur Funktionsunfähigkeit der betrachteten Einheit führen.

Fehlermöglichkeits- und -einflussanalyse/ Failure Mode and Effects Analysis (FMEA)

Die Fehlermöglichkeits- und -einflussanalyse ist eine formalisierte Methode, um mögliche Probleme sowie deren Risiken und Folgen bereits vor ihrer Entstehung geordnet und vollständig zu erfassen. Dieses mögliche Auftreten von Fehlern wird von einem bereichsübergreifenden Arbeitsteam unter Anwendung in der Vergangenheit gewonnener Erfahrungen und unter Benutzung der speziellen Fachkenntnisse der Beteiligten frühzeitig aufgezeigt, bewertet und durch Festlegung geeigneter Maßnahmen vorausschauend vermieden.

Derartige Vorbeugungsmaßnahmen setzen immer am wirksamsten in den frühen Phasen des Produktentstehungsprozesses an, also im Rahmen von Entwicklung, Konstruktion und Planung. Dies betrifft insbesondere die Neuentwicklung von Produkten, Sicherheits- und Problemteile, neue Fertigungsverfahren sowie Produkt- oder Prozessänderungen. Dabei unterscheidet man nach dem Zeitpunkt der Anwendung und dem Objekt der Untersuchung zwischen der Konstruktions-FMEA für ein Produkt (Entwicklungs- und Konstruktionsphase) und der Prozess-FMEA für ein Herstellungsverfahren (Produktionsplanungsphase) (vgl. **Konstruktions-FMEA, Prozess-FMEA**). Hinzu kommt die System-FMEA, die sich in den letzten Jahren zur Betrachtung übergeordneter Gesamtsysteme mit ihren Wechselwirkungen zwischen den jeweiligen Einzelsystemen entwickelt hat (vgl. **System-FMEA**).

In jedem Falle muss die FMEA vor Beginn der Fertigung abgeschlossen sein. Neben ihrer vorbeugenden, fehlervermeidenden Wirkung lassen sich die wesentlichen Aufgaben und Ziele einer FMEA dabei wie folgt zusammenfassen:

▶ Ermittlung kritischer Komponenten und möglicher Schwachstellen.
▶ Frühzeitiges Erkennen und Lokalisieren von möglichen Fehlern.
▶ Abschätzung und Bewertung von Risiken.
▶ Anwendung und Weitergabe von Wissen und Erfahrungen. Verkürzung der Entwicklungszeit, Senkung der Entwicklungskosten sowie des Fehlleistungsaufwandes (vgl. **Fehlleistungsaufwand**).
▶ Vermeidung von Doppelarbeit und Verringerung von Änderungen nach Beginn der Serienfertigung.
▶ Beitrag zur Erfüllung unternehmenspolitischer Qualitätszielsetzungen.

Zur methodischen Durchführung einer FMEA empfiehlt sich die Benutzung eines Formblattes. Dadurch werden die Ergebnisse in schriftlicher Form festgehalten sowie Ordnung und Übersichtlichkeit dargestellt. Ein solches Arbeits- und Denkschema lässt sich grundsätzlich in vier Blöcke einteilen, die nachfolgend skizziert werden:

Fehleruntersuchung

Sammlung möglicher Fehler nach Art und Ort sowie möglicher Folgen und möglicher Ursachen.

Risikobeurteilung

Punktbewertung jeder möglichen Fehlerursache nach der Wahrscheinlichkeit des Auftretens, der Bedeutung der Folgen eines Fehlers für den Betroffenen sowie der Wahrscheinlichkeit für die Entdeckung des Fehlers. Aus der Multiplikation dieser drei Bewertungen wird die sog. Risikoprioritätszahl (RPZ) berechnet. Die Fehlerursachen mit der höchsten RPZ sind vorrangig zu beseitigen.

Maßnahmenvorschläge zur Verbesserung

Lösungsvorschläge sollten auf Fehlervermeidung anstelle von Fehlerentdeckung abzielen. Von den möglichen Lösungsvorschlägen werden die Erfolg versprechendsten ausgewählt und durchgeführt.

Ergebnisbeurteilung und Dokumentation

Vergleich der beiden Risikoprioritätszahlen (vorheriger Zustand und verbesserter Zustand). Dabei wird auch das Verhältnis zwischen erzielbarer Verbesserung und einzusetzendem Aufwand berücksichtigt. Ausgefüllte FMEA-Formblätter können zur Dokumentation verwendet werden, um auf Ergebnisse bereits durchgeführter Untersuchungen zurückgreifen und Erfahrungswissen im Unternehmen weitergeben zu können.

Konstruktions-FMEA

Die Konstruktions-FMEA ist speziell auf ein Produkt ausgerichtet und wird in der Entwicklungs- und Produktionsplanungsphase von einem Arbeitsteam, bestehend aus Fachleuten aller beteiligten Bereiche, durchgeführt. Dabei ist sicherzustellen, dass alle möglicherweise auftretenden Fehler betrachtet und vorausschauend vermieden werden. Das Produkt ist also gegen Schwachstellen aller Art abzusichern, beispielsweise in Bezug auf Funktionalität, Zuverlässigkeit, Geometrie, Werkstoffauswahl, wirtschaftliche Herstellbarkeit, Prüfbarkeit und Servicefreundlichkeit.

Dabei hat sich ein Top-Down-Schema als Gliederungsprinzip bewährt. Es wird also zuerst das Gesamtsystem untersucht, dann die entsprechenden Teilsysteme bzw. Baugruppen. Diese sind wiederum in Erzeugnisse und Teilegruppen zerlegbar, die schließlich aus Einzelteilen mit entsprechenden Merkmalen bestehen.

Prozess-FMEA

Die Prozess-FMEA bezieht sich auf einen bestimmten Prozess in den Bereichen Fertigung, Montage sowie Prüfung und wird im Rahmen der Produktionsplanungsphase durchgeführt. Grundsätzlich sollen alle möglichen Faktoren und Zustände ermittelt werden, die einen einwandfreien Prozessablauf erschweren. Dabei ist die gesamte Handlungskette mit allen Einflüssen zu erfassen.

Im Rahmen der Prozess-FMEA sind Eignung und Sicherheit des Herstellverfahrens, seine Qualitätsfähigkeit sowie Prozessstabilität und die Ermittlung von Prozesssteuerungsmerkmalen besonders zu betrachten.

System-FMEA

Mit Hilfe der System-FMEA wird das funktionsgerechte Zusammenwirken der einzelnen Komponenten eines komplexen Systems untersucht. Die dafür notwendigen Ausgangsinformationen können beispielsweise als Pflichtenheft oder als Ergebnisse der Qualitätsplanung mittels Quality Function Deployment vorliegen (vgl. **Quality Function Deployment**). Ziel ist dabei die frühzeitige Vermeidung von Fehlern schon im Stadium des Systementwurfs. Dabei werden insbesondere Sicherheit und Zuverlässigkeit des geplanten Systems sowie die Einhaltung von gesetzlichen Vorschriften überprüft. Die System-FMEA kann darüber hinaus für einen Systemvergleich sowie zur fundierten Entscheidung bezüglich einer Systemauswahl herangezogen werden.

Fehlleistungsaufwand

Unter Fehlleistungsaufwand versteht man den bewerteten Verbrauch von Leistungen (Arbeitsgängen, Prozessen) und Gütern (Produktionsfaktoren) im gesamten Unternehmen, der durch Fehlhandlungen und deren Auswirkungen entsteht. Dabei wird weder eine Werterhöhung am Produkt vorgenommen noch der Kundennutzen gesteigert, sondern eine Minderung von Effizienz und Ertrag bewirkt, da den Input-Faktoren des betrieblichen Leistungserstellungsprozesses ein um die Fehlleistungen geminderter Output gegenübersteht. Dies ist jedoch gleichbedeutend mit geringerer Produktivität (mengenmäßige Betrachtung) bzw. Wirtschaftlichkeit (wertmäßige Betrachtung).

Die Beziehung Qualitätskosten unterteilt sich in Fehlerverhütungskosten, Prüfkosten und Fehlerkosten. Dies stellt den Versuch einer Trennung zwischen dem Produkt selbst und den die Qualität bestimmenden Merkmalen und Eigenschaften dar. Ein solches Vorgehen ist aber weder praktikabel noch betriebswirtschaftlich haltbar. Hinzu kommt, dass Fehlerverhütungs- und Fehlerkosten nicht zugleich als Qualitätskosten bezeichnet werden können. Dieses irreführende Relikt der 50er Jahre des vorigen Jahrhunderts ist nicht mehr zeitgemäß. Demnach ist die Bezeichnung Qualitätskosten unglücklich gewählt. Unbedingt notwendig ist jedoch die gezielte Analyse sämtlicher Prozesse im Unternehmen in Bezug auf Produktivität und Wertschöpfung bzw. Fehlleistungen und Verschwendung im Rahmen der Prozesskostenrechnung.

Besondere Bedeutung für die Wertschöpfung eines Herstellungsprozesses kommt den Fehlleistungen zu, wie beispielsweise Ausschuss und Nacharbeit auslösende Tätigkeiten. Diese mindern die Wertschöpfung bzw. verzehren mehr Kosten, bis die gewünschte Wertsteigerung erreicht ist. Sie stehen damit im Gegensatz zur werterhöhenden Nutzleistung, dem eigentlichen Zweck des Prozesses.

Um die gewünschte Nutzleistung erbringen zu können, sind Leistungen notwendig, die auch Kosten verzehren, aber nicht unmittelbar zur Werterhöhung beitragen. Zu diesen Leistungen gehören beispielsweise das Zuführen und Entnehmen der Werkstücke, der gelegentliche Werkzeugwechsel und das Rüsten der Maschine. Dies sind geplante Tätigkeiten, die als Stützleistungen bezeichnet werden könnten.

Darüber hinaus fallen aber noch Tätigkeiten an, die ungeplant sind, nicht zur Wertsteigerung beitragen, aber natürlich auch Kosten verursachen. Hier spricht man häufig von Verschwendung. Zur Unterscheidung seien sie mit Blindleistung bezeichnet.

HACCP

Dies ist die Abkürzung für „Hazard Analysis and Critical Control Point". Es bedeutet das Erkennen und Bewerten von gesundheitlichen Gefährdungen, die mit dem Verzehr von Lebensmitteln verbunden sind (Hazard Analysis), und die Einrichtung von Kontrollen entlang der Prozesskette an besonders aussagefähigen Punkten, den Critical Control Points. An diesen Punkten sollte eine Beeinflussung des Prozesses zur Gefährdungsverhinderung, besser Gefährdungsvermeidung, erfolgen können. HACCP ist maßgeschneidert für die Lebensmittel-Produktionskette und stellt ein Eigenkontrollsystem dar (siehe **Pocket Power HACCP umsetzen**).

ISO/TS 16 949: 2002

Diese Technische Spezifikation (TS) mit dem Status einer Vornorm beschreibt die branchenspezifischen Forderungen der internationalen Automobilindustrie – Hersteller und Verbände – an ein Qualitätsmanagementsystem. Sie basiert u. a. auf der DIN EN ISO 9001: 2000. Dabei gilt sie gleichermaßen für die Automobilhersteller (OEM – Original Equipment Manufacturer, Erstausrüster) und ihre Lieferanten. Die Ergänzung um jeweils kundenspezifische Forderungen ist ausdrücklich zugelassen. An ihrer Erarbeitung waren Vertreter von Herstellern und Verbänden der Automobilindustrie maßgeblich beteiligt.

Obwohl keine Norm im eigentlichen Sinne, ist eine Zertifizierung nach den speziellen Vorgaben der ISO/TS 16 949 möglich. Dabei behalten die bekannten Qualitätsmanagementsysteme nach DIN EN ISO 9001, VDA 6.1 oder QS-9000 und ihre Zertifizierungen jeweils ihre Gültigkeit bei, da sie mit der ISO/TS 16 949 harmonisiert sind und eine gute

Grundlage für die erweiterten Forderungen der Automobilindustrie bilden.

Entsprechend wird die ISO/TS 16 949 von allen Automobilherstellern weltweit anerkannt und bildet so eine einheitliche Grundlage für die Zertifizierung des Qualitätsmanagementsystems. Damit sollen auch die häufig vorgekommenen Mehrfachzertifizierungen in europäischen Ländern (z. B. VDA 6.1) und den USA (z. B. QS-9000) vermieden werden. Durch eine Zertifizierung nach ISO/TS 16 949 erfüllt ein Unternehmen die Forderungen der DIN EN ISO 9001 und darüber hinaus die Erwartungen der Automobilindustrie.

Die Basis der ISO/TS 16 949 ist eine besonders ausgeprägte Prozessorientierung, die sich durch alle inhaltlichen Forderungen zieht.

J. D. Power

Das 1968 gegründete US-amerikanische Unternehmen J. D. Power and Associates ist eigentlich ein Marktforschungsinstitut mit Hauptsitz in Los Angeles, Kalifornien/USA. Es führt weltweit mit eigenen Niederlassungen und Partnerinstituten unabhängige Befragungen über Kundenzufriedenheit, Produktqualität und Käuferverhalten durch, u. a. in den Branchen Automobil, Finanzdienstleistungen, Immobilien, Telekommunikation und Reise/Freizeit. Die Marktuntersuchungen von J. D. Power and Associates basieren auf ungefilterten und nicht beeinflussten Kundenrückmeldungen. Daraus werden Wettbewerbsbenchmarks in der jeweiligen Branche sowie unternehmensspezifische Stärken und Schwächen abgeleitet und den interessierten Unternehmen gegen Honorar zur Verfügung gestellt. In der Automobilindustrie gelten die Branchenstudien von J. D. Power and Associates seit

Beginn der 1990er-Jahre als der Gradmesser schlechthin für die Wettbewerbsposition der Hersteller hinsichtlich Qualität und Kundenzufriedenheit.

Die mit Abstand bekannteste dieser Untersuchungen ist die Initial Quality Study (IQS). Sie wird jährlich durchgeführt und bildet auch die Grundlage für die Vergabe des J. D. Power Plant Quality Award, der wohl begehrtesten und prestigeträchtigsten Qualitätsauszeichung auf der Basis von Kundenbefragungen in der Automobilindustrie weltweit. Der Plant Quality Award wird einmal in Platin und jeweils mehrfach in Gold, Silber und Bronze für die Regionen Asien/Pazifischer Raum, Europa sowie Nord-/Südamerika, vergeben. Dazu wird über die Fahrgestellnummern die Herstellerproduktionsstätte und daraus wiederum die Fertigungsqualität der einzelnen Automobilwerke ermittelt und in eine Rangfolge gebracht.

Japanische Begriffe

Im Folgenden wird die Bedeutung einiger Begriffe japanischen Ursprungs kurz erläutert. Diese Begriffe, die zum Teil unter einer englischen Bezeichnung bekannt geworden sind, werden häufig im Zusammenhang mit der Qualitätswissenschaft genannt. Sie entstammen meist dem Toyota Production System (TPS), dem das ganze Unternehmen umfassenden, auf die Fertigung ausgerichteten Organisationssystem der japanischen Toyota Motor Company, Ltd. Das Toyota Production System selbst sowie der ebenfalls damit zusammenhängende Begriff Just-in-Time (JiT) werden aufgrund ihrer herausragenden Bedeutung gesondert dargestellt (vgl. **Just-in-Time**, Toyota Production System).

Andon

Andon ist ein Hilfsmittel zur Informationsweiterleitung bei auftretenden Problemen. Es fungiert als optisches Fertigungsinformationssystem, welches über die Lichtzeichen einer Anzeigetafel auf das Auftreten eines (Maschinen-)Fehlers hinweist. Es dient so als zentrale Anzeige des Problemortes und sollte für möglichst viele Mitarbeiter, vor allem aber für den zuständigen Meister, gut sichtbar sein. Derjenige Mitarbeiter, der einen Fehler entdeckt bzw. ein Problem im Fertigungsablauf feststellt, kann einen Andon-Knopf betätigen und informiert so den Meister und die Kollegen, dass er Hilfe an seinem Arbeitsplatz benötigt. Muss zu diesem Zweck die Produktion gestoppt werden, so ist dies zulässig, wenn damit ein erneutes Auftreten des Problems in Zukunft vermieden werden kann.

Heijunka

Heijunka bezeichnet eine Harmonisierung des Produktionsflusses im Sinne eines mengenmäßigen Produktionsausgleichs. Es wird eine möglichst gleichmäßige Kapazitätsauslastung angestrebt, indem Warteschlangen vor den einzelnen Bearbeitungsstationen (Maschinen) und damit auch Wartezeiten vermieden werden. An die Stelle der klassischen Werkstattfertigung mit starker Arbeitsteilung gemäß dem Taylor'schen Prinzip, mit langen Liege- und Transportzeiten, tritt das Fließprinzip (Continuous Flow Manufacturing, CFM) mit kurzen Transportwegen und der Tendenz zur Komplettbearbeitung. Heijunka kann als Bestandteil des Just-in-Time-Gedankens (JiT) und als eine Voraussetzung für seine Realisierung angesehen werden (vgl. **Just-in-Time**).

Jidoka

Jidoka ist ein Hilfsmittel, um auftretende Probleme zu lokalisieren und zu melden. Es wird auch als selbststeuerndes Fehlererkennungssystem oder als selbststeuernde Automatisierung (Autonomation) bezeichnet, da die Maschinen hierbei mit Sensoren ausgestattet sind, die automatisch Fehlfunktionen erkennen und die Maschinen anhalten. Auf diese Weise wird verhindert, dass fehlerhafte Teile im weiteren Produktionsprozess verarbeitet werden. Eine Ursachenanalyse zur grundlegenden Problembeseitigung schließt sich an.

Kaizen

Der japanische Begriff Kaizen bedeutet eigentlich Veränderung zum Besseren und drückt das Streben nach kontinuierlicher, unendlicher Verbesserung aus. Dies ist jedoch nicht als Methode zu betrachten, die bei Bedarf auf ein Problem angewendet werden kann. Kaizen ist vielmehr als prozessorientierte Denkweise im Sinne einer Geisteshaltung zu begreifen, die gleichzeitig Ziel und grundlegende Verhaltensweise im täglichen (Arbeits-)Leben darstellt.

Mit gleicher inhaltlicher Bedeutung wird Kaizen im angloamerikanischen Sprachraum als Continuous Improvement bzw. Continuous Improvement Process (CIP) und in der deutschen Übersetzung als Ständige Verbesserung bzw. Kontinuierlicher Verbesserungsprozess (KVP) bezeichnet (vgl. **Ständige Verbesserung**). Kaizen bzw. Ständige Verbesserung muss somit als Teil einer das gesamte Unternehmen umfassenden Anstrengung zur Verbesserung im Hinblick auf das Qualitätsziel verstanden werden, wobei jeder einzelne Arbeitsplatz und alle Führungs- bzw. Hierarchieebenen mit einbezogen werden (vgl. **Total Quality Management**).

In der Literatur findet sich Kaizen auch als übergeordnete, allumfassende Strategie beschrieben, die auf der Erkenntnis beruht, dass die Kunden zufrieden gestellt und ihre Anforderungen erfüllt werden müssen, wenn ein Unternehmen erfolgreich wirtschaften und in Zukunft weiterbestehen will. Um dieses Ziel zu erreichen, wird die Qualität richtigerweise als grundlegender Ansatzpunkt erkannt, deren Steigerung dann wiederum zu höherer Produktivität führt. Dabei beinhaltet der Qualitätsbegriff im Rahmen von Kaizen nicht nur die Produktqualität, sondern die Qualität des gesamten Unternehmens. Demgemäß wird Kaizen als eine kundenorientierte Verbesserungsstrategie aufgefasst, die davon ausgeht, dass alle Aktivitäten im Unternehmen schließlich zu einer Steigerung der Kundenzufriedenheit führen sollen.

Kanban

Kanban ist der japanische Ausdruck für Karte oder Schild. Ein Kanban-System ist ein auf Karten basierendes Konzept zur Steuerung des Material- und Informationsflusses auf Werkstattebene. Es wird zur dezentralen Fertigungssteuerung im Rahmen des Just-in-Time-Prinzips (JiT) eingesetzt (vgl. **Just-in-Time**).

Ziel des Kanban-Systems ist es, auf allen Fertigungsstufen eine mindestbestandsorientierte Fertigungsdisposition einzuführen. Dies geschieht, indem die Materialbestände in Zwischenlagern (Puffer) sowie die Durchlaufzeiten auf ein Optimum (nicht Minimum!) reduziert werden. Dazu wird das „Supermarkt-Prinzip" angewendet: Ein Verbraucher auf der Produktionsstufe n (Kunde im Supermarkt) entnimmt dem Zwischenlager (Regal im Supermarkt) eine bestimmte Art und Menge an Teilen. Diese Lücke wird auf der Produktionsstufe *n1* (Angestellter des Supermarktes) kurzfristig wieder aufgefüllt. Dieser Vorgang löst auf einer weiter vorgelagerten Produktionsstufe *n2* (Einkäufer des Supermarkts) eine Bestellung bzw. einen Auftrag zur Nachlieferung aus.

Das Kanban-System besteht aus den folgenden Grundelementen:

▷ Bildung vermaschter, selbststeuernder Regelkreise für den gesamten Fertigungsprozess, wobei ein Regelkreis jeweils aus einer Arbeitsstation und einem vorgelagerten Puffer (Zwischenlager) besteht.
▷ Implementierung des Hol-Prinzips für die jeweils nachfolgende Fertigungs- bzw. Verbrauchsstufe, wobei diese als (interner) Kunde betrachtet wird.
▷ Flexibler Personal- und Betriebsmitteleinsatz durch teilautonome Arbeitsgruppenkonzepte und flexible Automatisierung der Fertigung.
▷ Fertigung von Tageslosen (Losgrößen, die den Bedarf eines Tages abdecken) und Übertragung der kurzfristigen Fertigungssteuerung an die ausführenden Mitarbeiter.
▷ Einführung der Kanban-Karte als Informationsträger und als Steuerungsinstrument innerhalb der Regelkreise. Eine Kanban-Karte ist in der Regel jeweils einem standardisierten Transportbehälter zugeordnet.

Die Qualitätssicherung ist im Rahmen des Kanban-Systems von herausragender Bedeutung, da die Weitergabe von fehlerhaften Teilen das Funktionieren des gesamten Systems gefährdet.

Mizenboushi

Der japanische Ausdruck Mizenboushi bezeichnet eine Grundhaltung, die darauf ausgerichtet ist, Fehler oder Probleme zu vermeiden, bevor sie tatsächlich auftreten. Ein wesentliches Element ist dabei der kreative Gedankenaustausch erfahrener Experten.

Hauptzielrichtung von Mizenboushi ist der Entwicklungsprozess (Design), also die frühe Phase der Produktentstehung und -gestaltung. Dabei wird nicht nur das Produkt mit seinen Änderungen im Designfortschritt betrachtet, sondern auch die Prozesse, Mitarbeiter und Organisationsstrukturen sind mit einbezogen. Mizenboushi bildet somit die Basis für ein strukturiertes Vorgehen, bei dem vor allem Änderungen bestehender Konstruktionen durch Vergleiche mit bereits in Serie befindlichen Komponenten auf mögliche Fehler analysiert werden.

Mizenboushi wird auch GD-Cube (GD³) genannt nach seinen drei Elementen Good Design (robuste Konstruktion), Good Discussion (sachliche Konstruktionserörterung) und Good Dissection (gemeinsame Verantwortungsaufteilung). Sie bilden die Basis für ein strukturiertes Vorgehen zur frühzeitigen Aufdeckung potenzieller Fehler und möglicher Qualitätsmängel.

Ein wesentlicher Bestandteil von GD-Cube ist die Methode Design Review Based on Failure Mode (DRBFM, deutsch etwa: versagenserfassungsgestützte Konstruktionsüberprüfung), die alle Arbeitsschritte der drei Elemente Good Design, Good Discussion und Good Dissection strukturiert und unterstützt. DRBFM ist aus der Erkenntnis entstanden, dass Änderungen das höchste Fehlerpotenzial enthalten, und wurde zu großen Teilen aus der FMEA (Fehlermöglichkeits- und -einflussanalyse) hergeleitet. So basiert auch DRBFM auf einem speziellen Formblatt und wird in einem interdisziplinären Expertenteam durchgeführt. Wesentlich ist dabei die kreative, aber sachliche und faktenbasierte Diskussion im Team mit anschließender Dokumentation der Entscheidungen und Maßnahmen. Besonders erfolgreich wird DRBFM bei Varianten- oder Derivatsprojekten eingesetzt, während die FMEA bei kompletten Neuentwicklungen von Produkten zu bevorzugen ist.

Muda, Mura, Muri – Drei Mu

Die drei Mu stellen die Grundlage für die Verlustphilosophie des Toyota Production System dar. Im Rahmen dieser Verlustphilosophie werden die drei Mu als Schwerpunkte des Verlustpotenzials bzw. der Verschwendung identifiziert. Das größte Potenzial stellen hierbei die sieben Arten der Verschwendung (Sieben Muda) dar, die im gesamten Produktionsprozess auftreten können und schließlich zu finanziellen Verlusten führen. Im Folgenden werden die drei Mu kurz beschrieben:

Die sieben Arten der Verschwendung (Sieben Muda)

Die Verschwendung selbst (Muda) ist die offensichtlichste Ursache für die Entstehung von Verlusten. Im Einzelnen werden sieben Arten der Verschwendung (Sieben Muda) unterschieden, die nahezu überall im Unternehmen auftreten. Die Verschwendung ist insbesondere in dem Anteil der nicht werterhöhenden Tätigkeiten (Non-Value-Adding Activities, NVA) an einer zu verrichtenden Arbeit oder an einem Produktionsprozess zu sehen:

1. Überproduktion,
2. Wartezeit,

3. überflüssiger Transport,
4. ungünstiger Herstellungsprozess,
5. überhöhte Lagerhaltung,
6. unnötige Bewegungen und
7. Herstellung fehlerhafter Teile.

Unausgeglichenheit (Mura)

Die Unausgeglichenheit (Mura) drückt diejenigen Verluste aus, die durch eine fehlende oder nicht vollständige Harmonisierung der Kapazitäten im Rahmen der Fertigungssteuerung entstehen (vgl. **Heijunka, Just-in-Time**). Als spezielle Ausprägungen von Mura sind zum einen Verluste durch Warteschlangenbildung zu nennen, zum anderen Verluste durch nicht optimal ausgelastete Kapazitäten.

Überlastung (Muri)

Die Überlastung (Muri) beschreibt Verluste, die durch Überbeanspruchungen im Rahmen des Arbeitsprozesses entstehen. Dabei wird zwischen der Überlastung des Handhabungs- und der des Herstellungsprozesses unterschieden. Die Verluste im Handhabungsprozess entstehen durch körperliche und auch geistige Überbeanspruchung des betreffenden Mitarbeiters und äußern sich in Form von Übermüdung, Stresserscheinungen, erhöhter Fehlerhäufigkeit und steigender Arbeitsunzufriedenheit. Meist wird die Überlastung des Mitarbeiters und damit auch der resultierende Verlust durch den Einsatz von Handhabungs- und Rüsthilfen, durch konstruktive Maßnahmen oder auch durch Veränderungen der Arbeitsgestaltung zu vermeiden sein. Im Herstellungsprozess auftretende Überlastung beruht oft auf fehlerhaft ermittelten Vorgabezeiten für Arbeitstakt und Werkzeugwechsel sowie auf mangelnder Harmonisierung des Produktionsflusses. Die Folge sind Warteschlangen vor den Maschinen und Bildung von Zwischenlagern, die wiederum Störungen und Fehler im Produktionsablauf verdecken. Abhilfe schaffen hier die Optimierung der Prozesse und die Harmonisierung der Kapazitäten (vgl. **Heijunka**).

Poka Yoke

Der japanische Ausdruck Poka Yoke (Poka = unbeabsichtigte Fehler, Yoke = Vermeidung oder Verminderung) bezeichnet ein aus mehreren Elementen bestehendes Prinzip, welches technische Vorkehrungen und Einrichtungen zur Fehlerverhütung bzw. zur sofortigen Fehleraufdeckung umfasst. Es ist dabei besonders auf die unbeabsichtigten Fehler ausgerichtet, die den Menschen bei ihrer Mitwirkung innerhalb von Fertigungsprozessen unterlaufen können, und soll verhindern, dass aus einer Fehlhandlung ein Fehler am Produkt entsteht.

Um auch das wiederholte Auftreten von einmal entdeckten Fehlern ausschließen zu können, wird Poka Yoke stets in Verbindung mit einer Inspektionsmethode angewendet. Hierbei hat sich die Fehlerquelleninspektion (Source Inspection) als besonders wirkungsvoll erwiesen.

Seiri, Seiton, Seiso, Seiketsu, Shitsuke – Fünf S

Die fünf S beschreiben eine Vorgehensweise, um in fünf Schritten ein neues System der Instandhaltung von Produktionsmitteln bei der Einführung zu unterstützen bzw. zu stabilisieren. Dieses System wird als Total Productive Maintenance (TPM) bezeichnet (vgl. **Total Productive Main-**

tenance). Die fünf S werden auch im Zusammenhang mit der Kaizen-Strategie genannt (vgl. **Kaizen**). Sie sind dann Teil eines das gesamte Unternehmen umfassenden Programms zur Verbesserung, welches jeden einzelnen Arbeitsplatz mit einbezieht. Die Bedeutung der fünf S ist sowohl in Verbindung mit Kaizen als auch in Verbindung mit Total Productive Maintenance (TPM) die gleiche. In beiden Fällen zielen die fünf S jedoch in erster Linie auf die Werkstattarbeitsplätze ab, wobei der Arbeitsplatz als der Ort verstanden wird, an dem die wertschöpfenden Prozesse im Unternehmen stattfinden. Im Folgenden werden die Inhalte der fünf S kurz dargestellt:

1. Seiri (Ordnung schaffen)

Ordnung schaffen bedeutet hier, das Notwendige vom nicht Notwendigen zu unterscheiden und alles nicht Notwendige vom Arbeitsplatz zu entfernen. Dies bezieht sich speziell auf zu hohe Umlaufbestände, unnötiges Werkzeug, fehlerhafte Teile sowie überflüssige Papiere.

2. Seiton (Ordnungsliebe)

Zur Aufrechterhaltung der geschaffenen Ordnung werden die für notwendig erachteten Arbeitsmittel in einwandfreien Zustand gebracht und zum Gebrauch bereitgestellt, wobei jeder Gegenstand griffbereit an seinem richtigen Platz aufbewahrt werden soll.

3. Seiso (Sauberkeit)

Der geordnete Arbeitsplatz einschließlich Maschinen und Werkzeuge ist sauber zu halten.

4. Seiketsu (persönlicher Ordnungssinn)

Persönliche Sauberkeit und Ordnung sollen zur Gewohnheit werden, indem jeder Mitarbeiter damit bei sich selbst und an seinem eigenen Arbeitsplatz beginnt.

5. Shitsuke (Disziplin)

Standards, Regeln und Vorschriften im Rahmen des Arbeitsprozesses sind unbedingt einzuhalten.

Just-in-Time (JiT)

Das Prinzip der Just-in-Time-Produktion ist ein Logistikorientiertes, dezentrales Organisations- und Steuerungskonzept, welches die Materialver- und -entsorgung für eine Produktion auf Abruf zum Ziel hat. Die Grundidee ist dabei die flexible Anpassung der kurzfristigen Kapazitäts- und Materialbedarfsplanung an die aktuelle Fertigungs- und Auftragssituation. So wird die Produktion auf allen Fertigungsstufen, von der Rohmaterialbeschaffung bis zur Ablieferung der Endprodukte, mit Hilfe geeigneter Instrumente zur Material- und Informationsflusssteuerung in die Lage versetzt, die richtigen Teile am richtigen Ort, in der richtigen Menge, zum richtigen Zeitpunkt und in der richtigen Qualität zu erhalten bzw. zu liefern.

Außerdem kann Just-in-Time auch als Synonym für eine Grundeinstellung, sogar als eine Produktionsphilosophie angesehen werden, welche die Planung, Steuerung und Kontrolle aller zur Fertigung notwendigen Material- und Informationsströme beinhaltet. Zur Realisierung eines als Philosophie betrachteten Just-in-Time-Konzeptes werden mehrere Elemente bzw. Voraussetzungen benötigt. Sie sind in der Regel auch mit den wesentlichen Bestandteilen des schlanken Produktionsmanagementsystems (Lean Production) identisch und werden bei der integrierten Betrachtung von Just-in-Time bereits in diesem Rahmen geschaffen bzw. zur Verfügung gestellt. Die wesentlichen Elemente bzw. Voraussetzungen der Just-in-Time-Produktion sind:

▶ Harmonisierung der Kapazitäten durch ablauforientierte Fertigung (vgl. **Heijunka**),
▶ Bildung teilautonomer Arbeitsgruppen,
▶ absolute Qualitätssicherung (vgl. **Jidoka, Poka Yoke, Qualitätszirkel**),
▶ Verkürzung von Rüst- und Einrichtzeiten,
▶ Reduzierung der Durchlaufzeiten,
▶ kleine Lose in Fertigung und Montage und
▶ Material- und Informationsflusssteuerung auf Werkstattebene (vgl. **Kanban**).

Kundenorientierung

Unter Kundenorientierung kann die Ausrichtung sämtlicher Tätigkeiten und Abläufe (Prozesse bzw. Geschäftsprozesse) eines Unternehmens auf die Wünsche, Anforderungen und Erwartungen seiner Kunden verstanden werden. Grundlage ist die Einbeziehung einer kunden- bzw. anwenderbezogenen Sichtweise in den Qualitätsbegriff, wobei Qualität dann als Erfüllung von Forderungen aufgefasst wird. Diese Forderungen, Eigenschaften oder Spezifikationen werden dabei vom Kunden als Anwender eines Produktes bzw. Empfänger einer Dienstleistung ausdrücklich genannt oder stillschweigend erwartet. Ein Kunde kann dabei jeder sein, der von einem Produkt oder Prozess betroffen ist. Dabei lässt sich zwischen internen und externen Kunden unterscheiden.

Externe Kunden haben etwas mit dem Produkt zu tun, gehören aber nicht dem herstellenden Unternehmen an. Dies schließt also nicht nur den speziellen Käuferkreis ein, sondern kann sich auf die gesamte Gesellschaft, den Staat und die Öffentlichkeit beziehen, etwa im Falle von Sicherheits- oder Umweltschäden.

Interne Kunden haben mit dem Produkt in ihrer Eigenschaft als Mitarbeiter des herstellenden Unternehmens zu tun. In diesem Sinne sind sie zwar keine Käufer, aber dennoch Empfänger eines Produktes oder einer Produktvorstufe.

Damit wird jedes Ergebnis eines Verarbeitungsschrittes zum Eingangsmaterial für den nächsten Schritt. Jeder Mitarbeiter ist demnach interner Kunde des im Herstellungsprozess vor ihm liegenden Mitarbeiters und zugleich Anbieter seines Arbeitsergebnisses an den nachfolgenden Mitarbeiter (Next Operation as Customer, NOAC). Voraussetzung ist, dass jedem Mitarbeiter die Erwartungen seines unmittelbaren Kunden bekannt sind. Damit kann die gesamte Wertschöpfungskette, die das Unternehmen durchzieht und noch darüber hinausreicht, als Verknüpfung von Kunden-Lieferanten-Beziehungen betrachtet werden.

Aus diesem Grunde ist es genauso bedeutsam, die Qualität der Produkte und Dienstleistungen innerhalb des Unterneh-

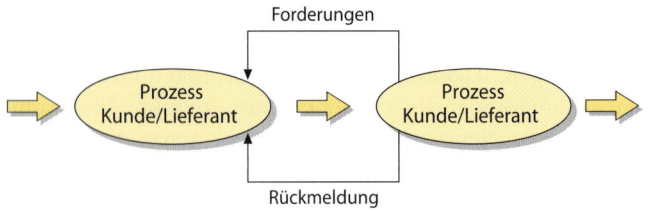

Bild 4: *Aneinanderreihung interner Kunden-Lieferanten-Prozesse*

mens einzuhalten, wie gegenüber den externen Kunden. Erst wenn jeder interne Kunde einwandfreien Input erhält und gleichzeitig die Anforderungen seines eigenen Kunden erfüllt, entsteht ein optimales Endergebnis: ein zufriedener Kunde.

Den Zusammenhang zwischen der Erfüllung der Kundenforderungen und der Kundenzufriedenheit stellt das Kano-Modell sehr anschaulich dar. Dabei wird besonders deutlich, dass sich die Zufriedenheit der Kunden durch die Erfüllung von selbstverständlichen Erwartungen (Basisanforderungen) oder ausdrücklich geäußerten Wünschen (Leistungsanforde-

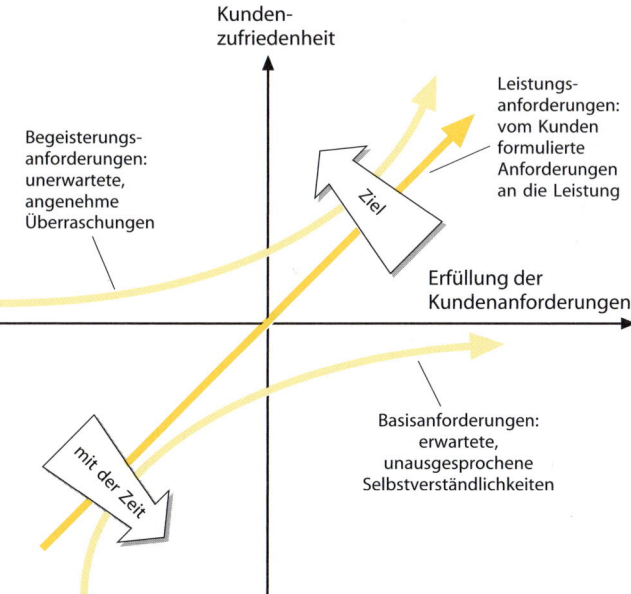

Bild 5: *Kano-Modell – Zusammenhang zwischen der Erfüllung der Kundenanforderungen und der Kundenzufriedenheit*

rungen) nur begrenzt steigern lässt. Fehlerfreie und qualitativ hochwertige Produkte und Dienstleistungen werden zunehmend vorausgesetzt. Um den Kunden in herausragender Weise zufrieden zu stellen, ihn also zu begeistern, sind außergewöhnliche Anstrengungen vorzunehmen.

Zur Ermittlung und Umsetzung der Kundenforderungen steht eine ganze Reihe von Methoden zur Verfügung. Zunächst bietet sich die Qualitätsplanungsmethodik des Quality Function Deployment an, mit deren Hilfe Kundenwünsche planvoll erfasst und in Produktmerkmale umgesetzt werden können (vgl. **Quality Function Deployment**). Weiterhin lassen sich vor allem aus dem Bereich des Marketings verschiedene Methoden anwenden (z. B.: Kundenbefragungen, Marktanalysen, Untersuchungen über das zu erwartende Markt- und Käuferverhalten). Diese und ähnliche Instrumente können auch zur Bewertung der Kundenzufriedenheit sowie der eigenen Produkte gegenüber dem Wettbewerb (Benchmarking) herangezogen werden (vgl. **Benchmarking**).

Managementwerkzeuge (M7)

Die Sieben Managementwerkzeuge wurden erstmals 1978 in Japan unter der Bezeichnung „New Seven Tools for Quality Control" veröffentlicht. Es handelt sich dabei um einfache Methoden zur Unterstützung eines Problemlösungsprozesses. Dabei werden vor allem grafische Hilfsmittel angewendet, um eine unübersichtliche Menge von Informationen zu ordnen.

Die M7 werden insbesondere im Rahmen von Gruppenarbeit während der Entwicklungs- und Planungsphase eingesetzt, wo kaum zahlenmäßige Daten zur Verfügung stehen.

Affinitätsdiagramm

Relationendiagramm

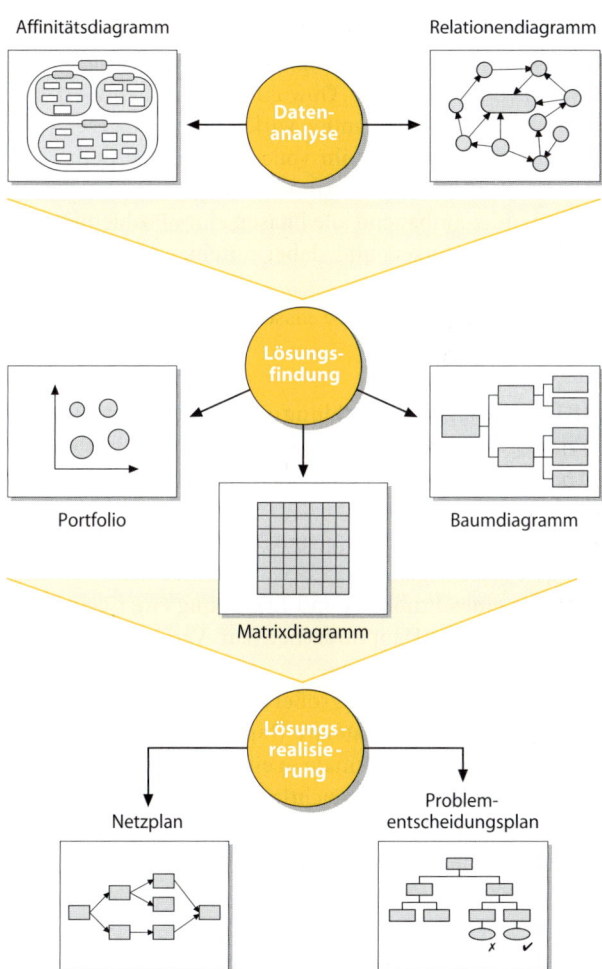

Portfolio

Matrixdiagramm

Baumdiagramm

Netzplan

Problem-
entscheidungsplan

Bild 6: *Überblick über das Zusammenwirken der M7*

Sie fördern eine geordnete Vorgehensweise bei der Problemuntersuchung und -bearbeitung, bei der Lösungsfindung und bei der Lösungsumsetzung. Obwohl die einzelnen Werkzeuge auch unabhängig voneinander wirkungsvoll eingesetzt werden können, entfaltet sich ihr voller Nutzen erst in der kombinierten Anwendung. Sie sind so zusammengestellt, dass sie aufeinander aufbauend alle Phasen eines Problemlösungsprozesses unterstützen und dabei miteinander in Wechselwirkung stehen.

Die einzelnen Werkzeuge lassen sich stichwortartig wie folgt beschreiben:

▶ **Affinitätsdiagramm:** Bildung einer verdichteten und nach Oberbegriffen geordneten Sammlung von Fakten bzw. Ideen aus einer großen, unübersichtlichen Menge von Daten bzw. Informationen.

▶ **Relationendiagramm:** Ermittlung von Ursache-Wirkungs-Beziehungen zwischen verschiedenen Gesichtspunkten eines Problems und Erzeugung einer geordneten Darstellung der Hauptursachen zur Vereinfachung komplizierter Zusammenhänge.

▶ **Portfolio:** Verringerung großer Datenmengen auf eine vereinfachte und überschaubare Darstellung mit Hilfe zweier kennzeichnender Merkmale in einem Achsenkreuz.

▶ **Matrixdiagramm:** Übersichtliche Darstellung der wechselseitigen Abhängigkeiten, z. B. zwischen Sichtweisen eines Problems, verschiedenen Problemursachen, zu treffenden Maßnahmen oder zur Verfügung stehenden Mitteln.

▶ **Baumdiagramm:** Erzeugung einer zusammenhängend geordneten Übersicht über alle wichtigen Mittel und Maßnahmen zur Lösung eines Problems.

▶ **Netzplan:** Geordnete Abbildung der Aufeinanderfolge sowie sich ergebender Abhängigkeiten von Schritten bzw. Ereignissen zur Unterstützung der Planung und Überwachung eines zeitlich festgelegten Vorganges (siehe **Pocket Power Qualitätstechniken**).

▶ **Problem-Entscheidungsplan:** Geordnete Betrachtung von möglicherweise auftretenden Störungen bei einem Vorgang zur vorbeugenden Festlegung von Maßnahmen zur Fehlervermeidung.

Mitarbeiterorientierung

Unter Mitarbeiterorientierung in einem Unternehmen kann eine Grundhaltung verstanden werden, bei der jeder einzelne Mitarbeiter als Träger wichtiger Fähigkeiten zur Problemlösung betrachtet und entsprechend behandelt wird. Dem liegt die Erkenntnis zugrunde, dass die Wertschöpfung im Unternehmen zwar durch den Einsatz technischer Hilfsmittel unterstützt, aber letztlich vom Menschen erbracht und gesteuert wird. Ausgangspunkt sind dabei folgende Überlegungen:

▶ Eine auf Vorbeugung basierende Qualitätsstrategie wie Total Quality Management benötigt den Einsatz aller am Wertschöpfungsprozess beteiligten Mitarbeiter, um Fehler frühzeitig zu erkennen und nachhaltig zu beseitigen, denn niemand kennt die Prozesse so gut wie die sie ausführenden Mitarbeiter.

▶ Die Problemlösungsfähigkeiten der Mitarbeiter bergen unausgeschöpfte Möglichkeiten zur Erreichung und Verbesserung von Qualität.

▶ Anpassungsfähigkeit zur Erfüllung von Kundenanforderungen lässt sich im Unternehmen dauerhaft nur mit Hilfe gut ausgebildeter Mitarbeiter erreichen, die in der Lage sind, „unternehmerisch" zu denken.

▶ Ein Unternehmen ist nur dann fähig, sich den ständig steigenden Herausforderungen des Wettbewerbs zu stellen, wenn der Grundsatz des lebenslangen Lernens von allen Mitarbeitern (einschließlich der Führungskräfte) befolgt wird.

Ziel der Mitarbeiterorientierung ist einerseits die Hebung des Interesses der Mitarbeiter an der Arbeit im Unternehmen, andererseits die Nutzung der speziellen Fachkenntnisse der Mitarbeiter zur Ständigen Verbesserung sämtlicher Prozesse im Hinblick auf Qualität und Produktivität (vgl. **Prozessorientierung**). Zur Einführung derartiger Aktivitäten ist insbesondere Gruppenarbeit mit der Weitergabe von Teilverantwortung geeignet. Dazu ist jedoch neben einer Reihe von technischen und organisatorischen Voraussetzungen eine klare Kunden- und Prozessorientierung im gesamten Unternehmen notwendig (vgl. **Kundenorientierung, Prozessorientierung**). Folgende Punkte sind in diesem Zusammenhang besonders zu beachten:

▶ Dem Mitarbeiter muss seine Position im Netz der Kunden-Lieferanten-Beziehungen bekannt sein, besonders jedoch die Erwartungen seines unmittelbaren Kunden, also des nächsten Arbeitsprozesses (Next Operation as Customer, NOAC).

▶ Die Prozesse müssen beherrscht und unempfindlich gegenüber Störgrößen sein sowie klare Eingriffsmöglichkeiten zur Prozessregelung enthalten (vgl. **Statistische Prozessregelung**).

▶ Zur selbstständigen Beurteilung der Qualität durch die

Mitarbeiter müssen geeignete Kennzahlen vorliegen, die zusammen mit verbindlichen Zielvereinbarungen, an deren Formulierung die Mitarbeiter beteiligt sind (Management by Objectives), die Grundlage für zielgerichtete Verbesserungsmaßnahmen bilden.

▶ Die Übertragung von Aufgaben und Verantwortung im Rahmen einer produktiven, vorbeugenden Instandhaltung der Produktionsanlagen (Total Productive Maintenance) erhöht die Übereinstimmung der Mitarbeiter mit ihrer Arbeit und ihrem gesamten Arbeitsumfeld (vgl. **Total Productive Maintenance**).

Null-Fehler-Programm

Das Null-Fehler-Programm (Zero Defects Concept) wurde von dem Amerikaner Philip B. Crosby 1961 entwickelt und zielt auf eine fehlerfreie Produktion ohne Ausschuss und ohne Nacharbeit ab. Crosby vertritt die Auffassung, dass es keine akzeptable Fehlerquote und keine Nachbesserung geben sollte, sondern dass eine Null-Fehler-Produktion anzustreben ist. In seinen Kostenbetrachtungen dazu stellt er fest, dass nicht die Qualität Kosten verursacht, sondern die Fehler bzw. die Nicht-Erfüllung von Anforderungen die Gesamtkosten in die Höhe treiben (vgl. **Fehlleistungsaufwand**).

Dazu sind die Arbeitssysteme in einer Weise zu gestalten, die eine ständige Aufmerksamkeit der Arbeitsperson nicht erforderlich macht. Derartige Arbeitssysteme sind nur durch sichere Beherrschung der Fertigung zu erreichen, bei der die Prozesse unempfindlich gegen Störungen sind. Voraussetzung dazu ist wiederum eine Strategie der Fehlervermeidung, die am wirkungsvollsten in der Entwicklungs- und Konstruktionsphase der Produkte und Prozesse ansetzt (vgl. **Poka**

Yoke, Simultaneous Engineering, Quality Engineering). Crosby betont zudem die besondere Aufgabe der Führungskräfte, die sich vorwiegend mit der Einführung von Vorbeugungsmechanismen im oben genannten Sinne der Fehlervermeidung beschäftigen sollten.

Im Folgenden werden die einzelnen Schritte des Null-Fehler-Programms nach Crosby kurz aufgeführt:

1. Verpflichtung des Managements: den Standpunkt des Managements in Bezug auf Qualität klarstellen.
2. Lenkungsgruppe Qualität: das Qualitätsverbesserungsprogramm durchführen.
3. Qualitätsmessung: aktuelle und potenzielle Qualitätsabweichungen in einer Form darstellen, die eine objektive Bewertung und Korrekturmaßnahmen erlaubt.
4. Qualitätskosten: die Bestandteile der Qualitätskosten definieren und ihren Nutzen als Instrument des Managements erklären.
5. Qualitätsbewusstsein: in der gesamten Belegschaft des Betriebes das persönliche Verantwortungsgefühl für die Qualität des Produktes bzw. der Dienstleistung erhöhen und das Ansehen der Firma in Bezug auf Qualität verbessern.
6. Korrekturmaßnahmen: eine systematische Methode erarbeiten, um die bei den vorausgegangenen Schritten festgestellten Probleme auf Dauer zu lösen.
7. Null-Fehler-Planung: die verschiedenen Vorbereitungsmaßnahmen prüfen, die zur offiziellen Einführung des Null-Fehler-Programms erforderlich sind.
8. Mitarbeiterschulung: feststellen, welche Art von Schulung für Vorgesetzte und Mitarbeiter angezeigt ist, damit diese ihre Aufgabe innerhalb des Qualitätsverbesserungs-Programms aktiv ausführen können.

9. Tag der Qualität: eine Veranstaltung organisieren, die allen Beschäftigten durch eigenes Erleben begreiflich macht, dass sich etwas geändert hat.

10. Zielsetzung: Vorsätze und Verpflichtungen in die Tat umsetzen, indem die einzelnen Mitarbeiter ermutigt werden, sich selbst und ihren Gruppen Verbesserungsziele zu setzen.

11. Beseitigung von Fehlerursachen: ein Kommunikationssystem einrichten, damit der einzelne Beschäftigte das Management über die Probleme verständigen kann, die es dem Beschäftigten schwer machen, seinen Verbesserungsvorsatz einzuhalten.

12. Anerkennung: die Leistungen der Teilnehmer würdigen.

13. Expertengruppen: die Qualitätsfachleute in offizieller Form zu regelmäßiger Verständigung zusammenbringen.

14. Wieder von vorne anfangen: verdeutlichen, dass das Programm zur Qualitätsverbesserung nie beendet ist.

Prozessorientierung

Unter Prozessorientierung in einem Unternehmen kann eine Grundhaltung verstanden werden, wobei das gesamte betriebliche Handeln als Kombination von Prozessen bzw. Prozessketten betrachtet wird. Ziel ist die Steigerung von Qualität und Produktivität im Unternehmen durch eine Ständige Verbesserung der Prozesse. Eine besonders wichtige Rolle spielt dabei die Ausrichtung auf die Wünsche und Anforderungen der Kunden sowie die Einbeziehung aller Mitarbeiter auf allen Hierarchieebenen (vgl. **Kundenorientierung, Mitarbeiterorientierung**).

Dieser Ansatz geht auf den Amerikaner Deming zurück, der Prozessorientierung als Voraussetzung für eine erfolgreiche Anwendung seines Management-Programms zur Steigerung von Qualität und Produktivität beschreibt (vgl. **Demings Management-Programm, Ständige Verbesserung**). Dies drückt Deming auch in einer seiner Grundhaltungen aus, die hier noch einmal wiedergegeben wird:

„Jede Aktivität kann als Prozess aufgefasst und entsprechend verbessert werden."

Dabei ist unter einem Prozess grundsätzlich eine Folge von wiederholt ablaufenden Aktivitäten mit messbarer Eingabe, messbarer Wertschöpfung und messbarer Ausgabe zu verstehen. Gekennzeichnet wird ein Prozess durch das geordnete Zusammenwirken von Menschen (als Kunden und Lieferanten), Maschinen, Material und Methoden entlang der Wertschöpfungskette zur Erreichung eines Ziels. Dies kann die Erbringung einer Dienstleistung oder die Erzeugung eines Produktes sein.

Vor diesem Hintergrund und in Übereinstimmung mit Demings Sichtweise kann sich also ein Prozess sowohl auf technische als auch auf verwaltungsmäßige Tätigkeiten beziehen. Diese Fertigungs- und Verwaltungsprozesse können unter der Bezeichnung Geschäftsprozess (Business Process) zusammengefasst werden. Entscheidend ist dabei die Abkehr von der Trennung der Tätigkeiten und Abläufe im Sinne strenger Arbeitsteilung. Dabei sind vor allem folgende Anforderungen an Prozesse zu berücksichtigen:

▶ Wirksamkeit im Hinblick auf vorgegebene Aufgaben und Ziele;
▶ Wirtschaftlichkeit bei der Ausführung;
▶ Kontrollierbarkeit und Steuerbarkeit durch die verantwortlichen Personen in Kenntnis des Prozesszustandes und der Möglichkeit, Korrekturmaßnahmen einleiten zu können;

▶ Anpassungsfähigkeit an Veränderungen der Prozessumgebung oder an gestellte Anforderungen, insbesondere der Kunden.

Zur Umsetzung der Prozessorientierung dient das langfristig angelegte Prozessmanagement (Process Management), das auch als Geschäftsprozessmanagement (Business Process Management oder Business Process Engineering) bezeichnet wird. Dieses Konzept wurde Anfang der 80er-Jahre entwickelt. Es umfasst planerische, organisatorische und kontrollierende Maßnahmen zur zielorientierten Steuerung der Prozesse eines Unternehmens hinsichtlich Qualität, Zeit, Kosten und Kundenzufriedenheit. Dabei erfolgt die Aufgabenteilung im gesamten Unternehmen nach einer durch die Wertschöpfungskette vorgegebenen Prozessnotwendigkeit, wie sie im Fertigungsbereich schon immer als normal angesehen wurde.

Qualität/Qualitätsbegriff

Der Qualitätsbegriff ist seit dem Altertum bekannt. In der lateinischen Sprache z. B. wird *qualitas* mit der Beschaffenheit (eines Gegenstandes) übersetzt. So alt wie der Begriff selbst ist auch die Diskussion um seine Inhalte, die bis heute andauert. Der formelmäßige Ansatz Qualität = Technik + Geisteshaltung weist darauf hin, wie Qualität entsteht, nämlich mit Hilfe der Technik auf der Basis einer entsprechenden Geisteshaltung. Dies kann auch eine Betrachtung der Qualität des gesamten Unternehmens (Unternehmensqualität) einschließen und führt dann in einer konsequenten Weiterentwicklung schließlich zu einem Qualitätsbegriff im Sinne von Total Quality Management (TQM) (vgl. **Total Quality Management**).

Im Zuge der Normungsbestrebungen und internationaler Organisationen wurden der Qualitätsbegriff sowie damit zusammenhängende Begriffe des Qualitätsmanagements definiert (vgl. **Qualitätsmanagement**). Grundlage ist dabei die internationale Norm DIN EN ISO 9000: 2000, die den Qualitätsbegriff wie folgt definiert:

„Vermögen einer Gesamtheit inhärenter Merkmale eines Produktes, Systems oder Prozesses zur Erfüllung von Forderungen von Kunden und anderen interessierten Parteien.

Anmerkung: Die Benennung ‚Qualität‘ darf zusammen mit Adjektiven wie schlecht, gut oder ausgezeichnet verwendet werden.“

Diese definitorische Festlegung des Qualitätsbegriffs erscheint vor allem wegen der schwer zu handhabenden Formulierung für die praktische Anwendung nicht immer uneingeschränkt geeignet. Sie erfasst jedoch den Qualitätsbegriff nahezu in seiner ganzen Komplexität und Vielschichtigkeit. Dabei wird nicht nur das Produkt oder die Dienstleistung allein betrachtet, sondern die Gesamtheit von Merkmalen der dem Kunden angebotenen Leistungen und auch deren Zusammenwirken. Aus der Sicht des Kunden, die auch in den Normen immer stärker Berücksichtigung findet, ist Qualität also vor allem durch die von ihm wahrgenommenen Eigenschaften im weitesten Sinne bestimmt.

Beherrschendes Argument der Normen DIN EN ISO 9000, 9001 und 9004 ist die Anregung zu prozessorientierter Denkweise. Zahlreiche, miteinander verknüpfte Einzelprozesse formen die Kernprozesse einer Organisation.

Die Grafik betont die überragende Rolle des Kunden, von dem Forderungen oder Erwartungen an einen „Produzenten“ gestellt werden und an den das Produkt geht, nachdem es die Wertschöpfungsprozesse passiert hat.

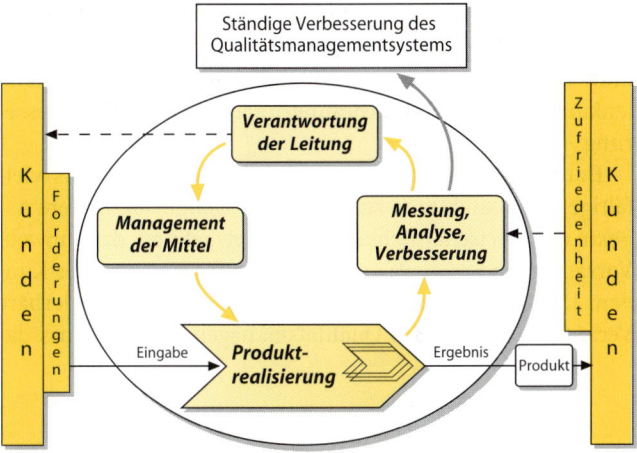

Bild 7: *Modell der Prozessorientierung*

Diese Prozessorientierung schließt die Verträglichkeit mit anderen Managementsystemen ein wie z. B. das Finanz-, Umwelt- und Arbeitsschutzmanagement.

Qualitätsmanagement und Qualitätssicherung

Qualitätsmanagement ersetzt den bisherigen Oberbegriff Qualitätssicherung. Um die Terminologie im Bereich des Qualitätsmanagements zu klären, stellt die internationale Norm DIN EN ISO 9000 in ihrer neuesten Ausgabe die gültige Verständigungsnorm dar. Dort wird Qualitätsmanagement definiert als „aufeinander abgestimmte Tätigkeiten zur Leitung und Lenkung einer Organisation bezüglich Qualität".

Anmerkung: Leitung und Lenkung bezüglich Qualität umfassen üblicherweise die Festlegung der Qualitätspolitik und von Qualitätszielen, die Qualitätsplanung, die Qualitätslenkung, die Qualitätssicherung und die Qualitätsverbesserung.

Dabei sind im Rahmen des Qualitätsmanagements vielfältige Einflussfaktoren zu berücksichtigen, insbesondere Aspekte der Wirtschaftlichkeit, der Gesetzgebung, der Umwelt. Vorrangig sind es die Wünsche und Anforderungen der Kunden. Die Unternehmensleitung trägt eine nicht delegierbare Verantwortung für das Qualitätsmanagement und muss da-

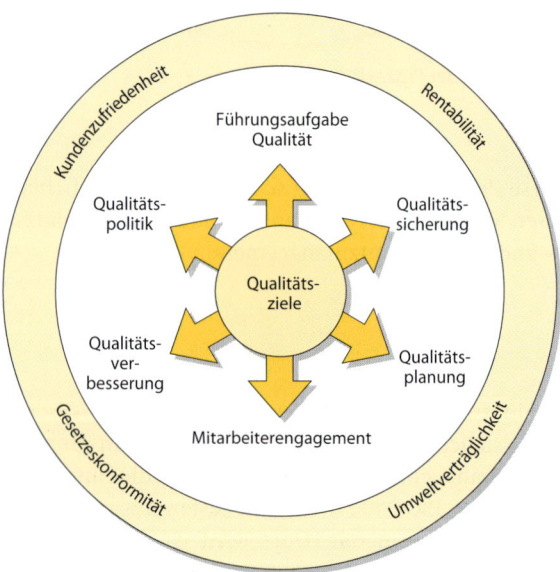

Bild 8: *Ziele und Mittel des Qualitätsmanagements*

rüber hinaus auch aktiv für die konsequente Umsetzung auf allen Hierarchieebenen sorgen. Einbeziehung der Mitarbeiter, Delegation von Teilverantwortung und vertrauensvolle Kommunikation gehören zum Qualitätsmanagement.

Als Teil des Qualitätsmanagements stellt die Qualitätspolitik einen wichtigen Bestandteil der Unternehmensziele bzw. -politik dar. Hier werden die Ziele und Absichten der obersten Unternehmensleitung sowie Verantwortungen in Bezug auf Qualität ausgedrückt. Die Festlegungen der Qualitätspolitik werden zur Ausführung gebracht durch:

▶ Qualitätsplanung,
▶ Qualitätslenkung,
▶ Qualitätssicherung und
▶ Qualitätsverbesserung.

Von der Qualitätsplanung werden zunächst die einzelnen Tätigkeiten vorausschauend festgelegt. Die entsprechende Detaillierung und Umsetzung der Anforderungen sowie die notwendigen Arbeitstechniken werden dabei von der Qualitätslenkung bereitgestellt. Die Einbindung der qualitätsbezogenen Aktivitäten in die bestehende Aufbau- und Ablauforganisation des Unternehmens ist Aufgabe der Qualitätssicherung, die alle geplanten Tätigkeiten ordnet und verwirklicht sowie sicherstellt. Diese Einbindung in die Organisation findet ihren Niederschlag in der Regel im Aufbau eines unternehmensweiten Qualitätsmanagementsystems. Dabei bestehen teilweise enge Wechselbeziehungen zur Qualitätslenkung. Als übergeordneter Bestandteil des Qualitätsmanagements ist die Qualitätsverbesserung zu sehen. Dazu zählen sämtliche Maßnahmen zur Steigerung von Wirksamkeit und Wirtschaftlichkeit der Prozesse innerhalb des Unternehmens.

Umfang und Inhalte des Qualitätsmanagements werden oft in einem Qualitätsmanagementhandbuch schriftlich niedergelegt (vgl. **Qualitätsmanagementhandbuch**).

Bei einer Einbeziehung des gesamten Unternehmens und umfassender Ausrichtung auf die in der Qualitätspolitik formulierten Zielsetzungen kann eine erste Annäherung an die übergeordnete Strategie des Total Quality Management (TQM) erreicht werden (vgl. **Total Quality Management**).

Qualitätsmanagementhandbuch

Das Qualitätsmanagementhandbuch ist die Dokumentation eines Qualitätsmanagementsystems und gibt gleichzeitig die grundsätzliche Einstellung des Managements sowie seine Absichten und Maßnahmen zur Sicherung und Verbesserung der Qualität im Unternehmen wieder (vgl. **Qualitätsmanagementsystem**).

Es beinhaltet grundsätzliche Aussagen über die Qualitätspolitik des Unternehmens und Regelungen über Verantwortung und Zuständigkeiten sowie Einbeziehung der Mitarbeiter. Hinzu kommt die Festlegung der organisatorischen Ausgestaltung sowie der Verfahren und Anweisungen zur Umsetzung einzelner Maßnahmen des Qualitätsmanagementsystems. Diese Inhalte werden in verschiedenen, klar voneinander abgegrenzten Teilen des Qualitätsmanagementhandbuchs dargestellt. Es kann auch einen Anhang enthalten, in dem die wichtigsten verwendeten Formblätter beigefügt werden.

Das Qualitätsmanagementhandbuch sollte sich in Aufbau und Inhalt an den hierfür geltenden Normen, also DIN EN ISO 9001 und 9004, orientieren. Die Herausgabe erfolgt stets von der Unternehmensleitung, und zwar in zwei Ausgaben.

Zum internen Gebrauch muss das Qualitätsmanagement-handbuch ständig aktualisiert werden, insbesondere die Verfahrens-, Arbeits- und Prüfanweisungen. Die zweite, für externe Zwecke bestimmte Ausgabe dient der Selbstdarstellung des Unternehmens nach außen sowie zur Kundeninformation und als Werbung. Dabei ist besonders darauf zu achten, dass unternehmensspezifisches Wissen und Firmengeheimnisse nicht veröffentlicht werden.

Darüber hinaus dient das Qualitätsmanagementhandbuch oft als Vertragsgrundlage zwischen Kunden und Lieferanten sowie als Nachweis über ein bestehendes Qualitätsmanagementsystem einschließlich Art und Inhalt der getroffenen Maßnahmen (vgl. **Qualitätsmanagementsystem**).

Qualitätsmanagementsystem

Unter einem Qualitätsmanagementsystem versteht man ein System für die Festlegung der Qualitätspolitik und von Qualitätszielen sowie zum Erreichen dieser Ziele (Quelle: DIN EN ISO 9000). Das ist die Gesamtheit der aufbau- und ablauforganisatorischen Gestaltung, sowohl zur Verknüpfung der qualitätsbezogenen Aktivitäten untereinander wie auch im Hinblick auf eine einheitliche, gezielte Planung, Umsetzung und Steuerung der Maßnahmen des Qualitätsmanagements im Unternehmen. Dabei wird nicht nur die Produktion mit ihren vor- und nachgelagerten Bereichen einbezogen, sondern auch das gesamte Unternehmen einschließlich der Beziehungen zu seinem Umfeld.

Es entsteht ein System vernetzter Regelkreise auf allen betrieblichen Ebenen, wodurch Ziele, Struktur, Verantwortlichkeiten, Verfahren, Prozesse und die zur Durchführung erforderlichen Mittel festgelegt werden. Das Qualitätsmanagementsystem dient somit der Ordnung und der gezielten Umsetzung von Qualitätsaufgaben im Unternehmen.

Aufbau und Umfang eines Qualitätsmanagementsystems hängen von den speziellen Zielsetzungen des jeweiligen Unternehmens ab. Hinzu kommen interne und externe Einflüsse und Festlegungen, unterschiedliche Produkte, besondere organisatorische Abläufe sowie unterschiedliche Größen der Organisationen. Aus diesen Gründen kann es kein einheitliches Qualitätsmanagementsystem geben.

Eine weltweit anerkannte Rahmenempfehlung für die Ausgestaltung wird in der branchenneutralen Normenreihe DIN EN ISO 9000 gegeben (vgl. **DIN EN ISO 9000 ff.: 2000**).

Zur Beurteilung eines Unternehmens im Hinblick auf einzelne Elemente bzw. das gesamte Qualitätsmanagementsystem kann ein Systemaudit durchgeführt werden (vgl. **Systemaudit**). Nach erfolgreichem Abschluss des Systemaudits erhält das auditierte Unternehmen ein Zertifikat, womit Existenz, Wirksamkeit und Anwendung des Qualitätsmanagementsystems entsprechend der DIN EN ISO 9000 (in ihrer jeweils gültigen Fassung) bescheinigt werden (vgl. **Zertifizierung**).

Das in einem Unternehmen bestehende Qualitätsmanagementsystem wird in der Regel mit Hilfe eines Qualitätsmanagementhandbuches dokumentiert und kann auch bei Fragen der Produkthaftung von Nutzen sein (vgl. **Qualitätsmanagementhandbuch**). Weiterhin stellt ein (zertifiziertes) Qualitätsmanagementsystem eine gute Basis für die Einführung eines umfassenden Qualitäts- und Führungskonzeptes im Sinne von Total Quality Management dar (vgl. **Total Quality Management**).

Qualitätswerkzeuge (Q7)

Die Qualitätswerkzeuge (Tools of Quality) werden oft auch als „Elementare Werkzeuge der Qualitätssicherung" oder als „Sieben Qualitätswerkzeuge", kurz „Q7", bezeichnet. Sie wurden von Ishikawa ursprünglich zur Anwendung in Qualitätszirkeln zusammengestellt (vgl. **Qualitätszirkel**). Die Qualitätswerkzeuge sind einfache Hilfsmittel, die auf grafischen Darstellungen aufbauen, um Probleme zu erkennen, zu verstehen und zu lösen. Sie werden meist zur Bearbeitung zahlenmäßig vorliegender Daten eingesetzt, deren mathematisch-statistische Grundlagen speziell für die Anwendung im Werkstattbereich aufbereitet wurden, ohne die Regeln der Statistik zu verletzen.

Ihre Anwendung ist besonders wirkungsvoll, da sie schon mit einfachen Mitteln viele der auftretenden Probleme lösen können. Im Überblick lassen sich die Q7 in die beiden Phasen Fehlererfassung/Datensammlung und Fehleruntersuchung/Problemlösung einteilen. Insgesamt können als Funktionen der Qualitätswerkzeuge angesehen werden:

▶ Feststellen von Problemen;
▶ Eingrenzen von Problemgebieten;
▶ Bewerten von Faktoren, die die Ursache des Problems zu sein scheinen;
▶ Feststellen, ob die angenommenen Fehlerursachen zutreffen oder nicht;
▶ Verhindern von Fehlern, die durch Versäumnis, Hast oder Unachtsamkeit entstehen;
▶ Bestätigen der Wirkung von Verbesserungen und
▶ Feststellen von Ausreißern.

Die einzelnen Werkzeuge lassen sich stichwortartig wie folgt beschreiben:

▶ **Fehlersammelliste:** Einfache Methode zur schnellen Erfassung und übersichtlichen Darstellung von Daten mit einem von zwei möglichen Merkmalen nach Art und Anzahl.

▶ **Histogramm:** Säulendiagramm zur grafischen Darstellung der Häufigkeitsverteilung einer großen Menge von Daten, die vorher zu Gruppen zusammengefasst wurden.

▶ **Qualitätsregelkarte:** Grafisches Hilfsmittel auf statistischer Basis, um einen Prozess über einen Zeitraum hinweg beständig zu beobachten bzw. zu überwachen, um bei beginnenden Abweichungen frühzeitig eingreifen zu können. Anwendung erfolgt im Rahmen der Statistischen Prozessregelung (vgl. **Statistische Prozessregelung**).

▶ **Korrelationsdiagramm/Streudiagramm:** Überprüfung und grafische Darstellung eines vermuteten Zusammenhangs (Ursache-Wirkungs-Beziehung) zwischen zwei gleichberechtigten Merkmalen, die als Wertepaare gemessen oder beobachtet wurden.

▶ **Pareto-Diagramm:** Säulendiagramm zur grafischen Darstellung der Ursachen von Problemen in der Reihenfolge der Bedeutung ihrer Auswirkungen, um aus einer Vielzahl von Ursachen diejenigen herauszufinden, die den größten Einfluss haben.

▶ **Brainstorming:** Methode zur Sammlung von Ideen oder Lösungsvorschlägen, die durch das Verlassen der gewöhnlich vorherrschenden Denkrichtungen neue Ansätze anstrebt.

▶ **Ursache-Wirkungs-Diagramm:** Grafische Methode zur Unterstützung einer Gruppe bei der Untersuchung eines

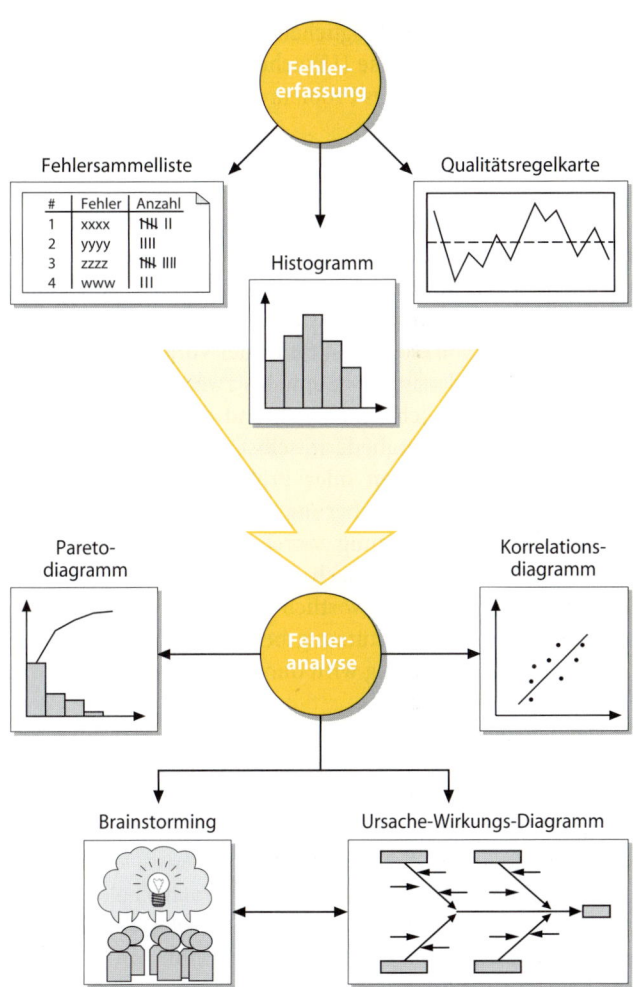

Bild 9: *Überblick über das Zusammenwirken der Q7*

Problems und seiner möglichen Ursachen, wobei mögliche und bekannte Einflüsse (Ursachen) gesammelt und in ihrer Auswirkung auf das Problem dargestellt werden.

Qualitätszirkel

Ein Qualitätszirkel ist eine kleine, fest eingerichtete Gruppe von ca. fünf bis zwölf Mitarbeitern, die regelmäßig zusammentreffen, um in ihrem Arbeitsbereich auftretende Probleme freiwillig und selbstständig zu bearbeiten. Die Sitzungen werden von einem Kollegen oder Vorgesetzten geleitet bzw. moderiert, dauern etwa eine bis zwei Stunden und finden in der Regel wöchentlich während der Arbeitszeit statt. Von den Gruppenmitgliedern selbst ausgewählte, arbeitsbezogene Schwachstellen oder Probleme, häufig aus dem Bereich der Qualitätssicherung, werden diskutiert und untersucht. Die Umsetzung von Lösungen bzw. Verbesserungsvorschlägen erfolgt nach Genehmigung des Entscheidungsträgers eigenverantwortlich durch die Gruppe, sofern sie nicht externe Unterstützung benötigt. Auch der bei der Umsetzung erzielte Erfolg wird durch die Gruppe selbst kontrolliert.

Der Japaner Ishikawa hat wesentlich zur weltweiten Verbreitung des Qualitätszirkelgedankens beigetragen. Ursprünglich waren Qualitätszirkel für die Anwendung innerhalb der ausführenden Ebene (Werkstattebene, Fertigung) vorgesehen. Für diese Zielgruppe stellte Ishikawa die elementaren Qualitätswerkzeuge (Q7, Tools of Quality) als einfache, aber wirkungsvolle Hilfsmittel zusammen (vgl. **Qualitätswerkzeuge**). Außerdem hat er als erster die Einführung und konsequente Anwendung von Qualitätszirkeln auf allen Ebenen der Unternehmenshierarchie gefordert und sie als wichtigen

Bestandteil in sein Company-Wide Quality Control-Konzept (CWQC) aufgenommen (vgl. **Company-Wide Quality Control**).

Eine unternehmensweite Einführung von Qualitätszirkeln beinhaltet auch die Verwaltungsbereiche (sogar reine Dienstleistungsbetriebe wie z. B. Banken, Versicherungen, Speditionen) sowie die Managementebene. Dabei muss besonders herausgestellt werden, dass für den sinnvollen Einsatz der Qualitätszirkel als Problemlösungsgruppen die Aufgabe des Top-Managements nicht nur in der Übernahme der Verantwortung bestehen darf. Vielmehr sind auch die volle Unterstützung sowie die eigene Beteiligung der obersten Unternehmensleitung unbedingt erforderlich. Ebenso notwendig sind die Zustimmung und aktive Beteiligung der Arbeitnehmervertretung. Damit sind Qualitätszirkel als ein wesentlicher Baustein des Total Quality Management-Führungsmodells (TQM) anzusehen (vgl. **Total Quality Management**).

Eine wichtige Voraussetzung für den Erfolg eines Qualitätszirkel-Programms ist auch die organisatorische Einbindung in die vorhandene Unternehmensstruktur. Darüber hinaus müssen Interesse und Unterstützung des Managements für alle Mitarbeiter sichtbar gemacht und durch aktive Teilnahme unterstrichen werden.

Ein besonders wichtiges Element eines Qualitätszirkel-Programms ist neben der eigentlichen Zirkelgruppe eine Koordinations- und Betreuungsstelle. Diese wird auch als Steuergruppe bezeichnet und ist für die Einführung, Planung, Organisation und Umsetzung sowie die Betreuung und Steuerung der Qualitätszirkel-Aktivitäten zuständig.

Quality Function Deployment (QFD)

Im Mittelpunkt der QFD-Methode steht eine Übersetzungsmatrix, das von dem Japaner Fukahara entwickelte Qualitätshaus (House of Quality, HoQ). Kundenanforderungen und Designanforderungen werden in Matrixform übersichtlich gegenübergestellt. Produktspezifikationen, die nicht den Kundenerwartungen entsprechen, können auf diese Weise weitgehend vermieden werden.

Der Ablauf beim Erstellen bzw. Ausfüllen eines House of Quality erfolgt in mehreren Schritten, die nachfolgend am Beispiel der Phase 1 (Qualitätsplan Produkt) aufgezählt werden. Die anderen Phasen laufen in ähnlicher Weise ab.

1. Kundenanforderungen ermitteln und bewerten;
2. Vergleich mit Wettbewerbsprodukten aus Kundensicht durchführen;
3. wesentliche Produktmerkmale ermitteln (Qualitätsmerkmale, Design-Anforderungen);
4. Verbesserungsrichtung für die Produktmerkmale festlegen;
5. Beziehungsmatrix für den Zusammenhang zwischen Kundenanforderungen und Produktmerkmalen erstellen;
6. technische Wechselbeziehungen für die Produktmerkmale bestimmen;
7. angestrebte Ausprägung für die Zielwerte der Produktmerkmale festlegen;
8. technische Schwierigkeiten bei der Verwirklichung bewerten;
9. Vergleich mit Wettbewerbsprodukten aus technischer Sicht durchführen und
10. technische Bedeutung der Produktmerkmale bewerten.

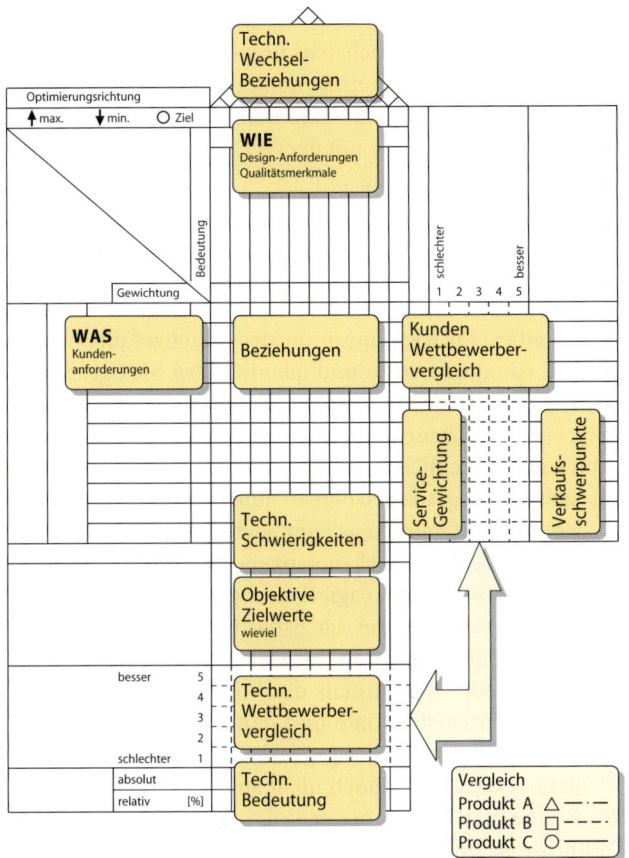

Bild 10: *House of Quality – Beispiel Qualitätsplan Produkt*

Das House of Quality wird in Gruppenarbeit ausgefüllt, wobei die Gruppe aus höchstens fünf bis acht Mitgliedern besteht. Darin sollten Marketing, Konstruktion, Qualitätswesen, Fertigung und Service, im Einzelfall auch noch weitere Bereiche vertreten sein. Ein mit der QFD gut vertrauter Moderator leitet die QFD-Sitzung.

Quality Gates

Quality Gates sind Qualitätsbewertungen, die an kritischen Stellen eines Entwicklungsprojektes durchgeführt werden. Anhand von qualitativen und quantitativen Messgrößen, auf die man sich vor dem Start des Entwicklungsprozesses geeinigt hat, wird beurteilt, ob der angestrebte Entwicklungsstand auch tatsächlich in der geforderten Qualität erreicht ist. Um sich vor negativen Überraschungen zu schützen, ist es zweckmäßig, auf dem Wege zum nächsten Quality Gate noch zusätzliche kleine Zwischenetappen einzulegen. Erforderlichenfalls muss bereits reagiert und gegengesteuert werden, bevor die Erreichung des nächsten Quality Gate in Gefahr gerät. Die hohe Bedeutung der Quality Gates wird dadurch veranschaulicht, dass oftmals der Vorstand für die Öffnung des jeweiligen Quality Gate und damit für die Freigabe zur Fortsetzung des Entwicklungsprozesses zuständig ist.

Quality Gates sind jedoch nicht auf den Entwicklungsprozess beschränkt. Sie können jeweils auf die wertschöpfenden Kernprozesse im Unternehmen ausgedehnt werden. Auch hier müssen an vorher definierten Meilensteinen ebenfalls vorher definierte Ergebnisse erbracht werden. Der Druck wird dabei nicht zwangsläufig durch Vorstandsentscheidungen aufgebaut, sondern vielmehr durch die internen Kunden-Lieferanten-Beziehungen. Der nach dem Quality Gate liegende

Prozessabschnitt kann bzw. muss sogar als Kunde die Annahme verweigern, wenn die angelieferte Leistung nicht genügt und damit das Gesamtergebnis gefährdet wird.

Insgesamt tragen Quality Gates erheblich zu besseren Entwicklungsergebnissen bei. Sie verhindern Fehler und Probleme bereits in frühen Prozessphasen und führen so zu deutlich besseren Produktionsanläufen. Der Zeitaufwand für die Durchführung ist bei guter Vorbereitung relativ gering und steht in keinem Verhältnis zu den verhinderten Mehraufwendungen einer Fehlerbeseitigung.

RADAR

Eine deutliche Änderung im EFQM-Modell (vgl. **Total Quality Management**) wurde in der Vorgehensweise bei der Bewertung vorgenommen. Zwar wurden im Wesentlichen alle Bewertungsmerkmale beibehalten, die sich jedoch in einer neuen Struktur miteinander verbinden: die sog. RADAR-Struktur.

Das Wort „RADAR" ist ein Akronym für die englischen Bezeichnungen Results, Approach, Deployment sowie Assessment und Review, woraus sich die einprägsame Abkürzung ergibt. Es ist die Umsetzung der TQM-Prinzipien, wonach Grundsätze in der Zielsetzung („Excellence"), Strategie, Methoden und ihre Messung in geeigneter Weise kombiniert werden müssen; erreicht wird das durch die RADAR-Bewertung.

Die Bewertung ist nach einer inhärenten PDCA-Logik aufgebaut, indem sie von den Ergebnissen ausgeht und dazu Vorgehensweise, Umsetzen und Bewertung als folgerichtige Schritte einsetzt.

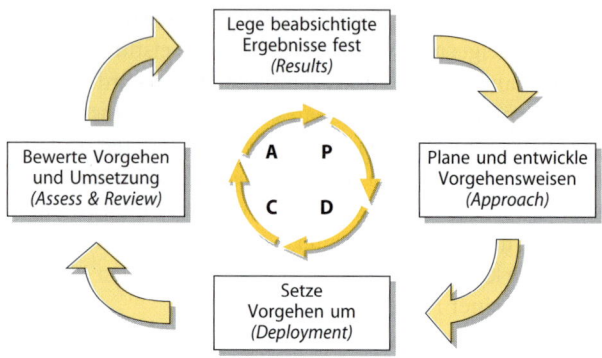

Bild 11: *Bewertungsschritte*

Diese Logik beinhaltet, dass eine Organisation

▶ die Ergebnisse (Results – *Resultate*) festlegt, die sie mit Hilfe ihrer Politik und Strategie erreichen will; diese Ergebnisse decken die Leistung der Organisation sowohl finanziell als auch operativ ab und erfassen die Wahrnehmung der Interessengruppen;

▶ ein Netz von Vorgehensweisen (Approach – *Ansatz*) plant und entwickelt, um die erforderlichen Ergebnisse jetzt und in der Zukunft zu erreichen;

▶ das Umsetzen (Deployment – *Durchführung*) der Vorgehensweise systematisch vornimmt, um eine volle Einführung zu erreichen;

▶ eine Abschätzung und Review (Assessment and Review) der Vorgehensweise anschließt, basierend auf Beobachtung und Analyse der erzielten Resultate und aufgrund fortwährender Lernvorgänge. Hierauf basierend werden Verbesserungen identifiziert, priorisiert, geplant und eingeführt.

Reengineering

Als Reengineering wird das grundsätzliche Überdenken und die daraus resultierende radikale Neugestaltung (Redesign) von Unternehmen oder wesentlichen Unternehmens- bzw. Geschäftsprozessen bezeichnet. Dabei werden Verbesserungen um Größenordnungen in den Bereichen Kosten, Qualität und Zeit angestrebt.

Ausgangspunkt ist zunächst die Erkenntnis, dass sich das Unternehmensumfeld in einer stetigen und schnellen Veränderung befindet, dem durch ein entsprechendes Management des Wandels (Change Management) Rechnung getragen werden muss. Deshalb werden beim Reengineering vorhandene Geschäftsprozesse in Frage gestellt, um durch deren grundlegende Neugestaltung die Tätigkeiten prozess- und wertschöpfungsorientiert zu organisieren und so eine Wiederbelebung der Wettbewerbsstärke (Revitalisierung) des Unternehmens zu erreichen.

Beim Reengineering steht nicht die Frage nach einer Verbesserung bestehender Prozesse im Mittelpunkt, sondern es wird überlegt, warum der Prozess überhaupt nötig ist und wie er im Idealzustand gestaltet sein müsste. Auf diese Weise werden nicht nur kleine Leistungsverbesserungen angestrebt. Reengineering zielt auf Verbesserungen um Größenordnungen (100 Prozent oder mehr), die durch Innovationsschübe erreicht werden sollen. Aus diesem Grunde wird auch das Prinzip der Ständigen Verbesserung bzw. Kaizen abgelehnt (vgl. **Kaizen, Ständige Verbesserung**).

Bei der Neugestaltung der Prozesse wird vor allem der innovative Technologieeinsatz als entscheidender Faktor angesehen. Dies bezieht sich nicht nur auf die Fertigungstechnologie, wie beispielsweise CAD/CAM, sondern vor allem auf die richtige Anwendung der Informationstechnologie (IT).

Insgesamt lassen sich für das Reengineering einige Faktoren ableiten, die den Erfolg eines solchen Vorhabens maßgeblich beeinflussen:

▶ Radikales Redesign statt Optimierung eines bestehenden Prozesses.
▶ Konzentration auf maßgebliche Geschäfts- bzw. Unternehmensprozesse im Zusammenhang mit den Kernkompetenzen.
▶ Berücksichtigung der Auswirkungen ganzheitlicher Veränderungen und deren zielgerichteter Umsetzung.
▶ Beachtung der Wertvorstellungen und Überzeugungen der Mitarbeiter.
▶ Mut zur Erreichung von Quantensprüngen, also Verbesserungen um Größenordnungen durch Innovationsschübe.
▶ Top-Down-Ansatz, Managementauftrag und Bereitstellung entsprechender Ressourcen.

Reklamationsmanagement und 8D-Report

Unter Reklamationsmanagement können generell die Planung, Durchführung und Überwachung aller Maßnahmen verstanden werden, die ein Unternehmen bezüglich Kundenreklamationen ergreift. In Abgrenzung zum Beschwerdemanagement, das sich umfassender verstehen und auch auf Dienstleistungen anwenden lässt, wird hier Reklamationsmanagement auf die Beanstandung von fehlerhaften Produkten in der industriellen Serienfertigung bezogen. Gemeinsames Ziel des Beschwerde- wie auch des Reklamationsmanagements ist es, die Kundenzufriedenheit wiederherzustellen und die negativen Auswirkungen der Unzufriedenheit zu reduzieren. Darüber hinaus kann eine Kundenreklamation auch als Verbesserungspotenzial genutzt werden.

In der europäischen Industrie wird die Reklamationsbearbeitung von fehlerhaften Produkten innerhalb der Zulieferkette in weiten Bereichen einheitlich gehandhabt: Das Vorgehen bei der Bearbeitung einer (Produkt-)Reklamation durch das Qualitätsmanagement wird in Form eines 8D-Reports dokumentiert. Dieser wird vom Lieferanten erstellt und vom Kunden eingefordert. Im 8D-Report werden neben der Beanstandung selbst vor allem die Fehlerursache sowie die Maßnahmen und Verantwortlichkeiten zum Beseitigen des Fehlers festgeschrieben. Insbesondere durch den Verband der Automobilindustrie (VDA) ist der 8D-Report gefördert und quasi standardisiert.

Der 8D-Report war jedoch ursprünglich nur das Arbeits- bzw. Berichtsformular der 8D-Problemlösungsmethode. Diese gewährleistet eine systematische Vorgehensweise und konsequente Dokumentation der einzelnen Lösungsschritte eines Problems. Die 8D-Methode ist faktenorientiert und stellt sicher, dass Produktfehler auf ihre Ursachen zurückgeführt und diese dauerhaft abgestellt werden, anstatt nur Symptome zu überdecken. Heute steht der 8D-Report als Synonym für das gesamte Vorgehen des Reklamationsmanagements mittels 8D-Methode.

Die Bezeichnung „8D" leitet sich aus dem Englischen her, dabei steht „D" als Abkürzung für „Disciplines", was sich in diesem Zusammenhang etwa mit „Aufgabenstellung" übersetzen lässt. Die Zahl „8" steht für die acht Schritte der Methode, die sich entsprechend auch im 8D-Report wiederfinden. Diese Schritte sind:

- ▶ D1: Team zusammenstellen,
- ▶ D2: Problem beschreiben,
- ▶ D3: Sofortmaßnahmen festlegen,
- ▶ D4: Fehlerursache ermitteln,
- ▶ D5: Abstellmaßnahmen festlegen,
- ▶ D6: Abstellmaßnahmen umsetzen,
- ▶ D7: Fehlerwiederholung verhindern,
- ▶ D8: Teamleistung anerkennen.

Insgesamt führt die 8D-Methode vor allem dann zum Erfolg, wenn der 8D-Report das Fortschreiten der Problemlösung zeitnah dokumentiert und auch als Arbeitsmittel zur Reklamationsbearbeitung genutzt wird. Sind nur einige der acht Schritte durchgeführt, dient der 8D-Report gleichzeitig auch als Maßnahmenplan.

Sechs Sigma

Sechs Sigma ist einerseits eine Größe der Normalverteilung, ein Sigma bezeichnet die Standardabweichung der Grundgesamtheit, sechs Sigma umfassen die Normalverteilung bis auf den winzigen Rest von 3,4 ppm (parts per million), also praktisch die gesamte Streuung, eine zulässige Streuung des Mittelwertes eingeschlossen. In der Praxis kommt dieses dem Null-Fehlergebot sehr nahe. Die Prozessfähigkeit Cp errechnet sich aus dem Quotienten aus der Toleranz eines Merkmals dividiert durch sechs Sigma. Andererseits ist sechs Sigma ein Synonym für ein Qualitätsförderungsprogramm. Inhaltlich entspricht es weitgehend dem Total Quality Management-Konzept mit einer statistisch geprägten Herangehensweise. Es unterscheidet sich in gewissen Ritualen von anderen Vorgehensweisen, so z. B. mit der Installation von „Blackbelts". Blackbelts sind speziell ausgebildete Fachkräfte, die in der Regel in Vollzeittätigkeit als Projektleiter Verbesserungsprojekte anführen.

Stimultaneous Engineering (SE) und Quality Engineering (QE)

Simultaneous Engineering, auch als Concurrent Engineering bezeichnet, ist die überlappende Bearbeitung von eigentlich aufeinander folgenden Arbeitsschritten. Dabei werden insbesondere im Stadium der Entwicklung, Konstruktion und Fertigungsplanung die einzelnen Ingenieurstätigkeiten durch organisatorische und technologische Maßnahmen parallelisiert. Die gezielte Umsetzung von Qualitäts-, Produktivitäts-, Kosten- und Zeitzielen wird somit bereits vor Beginn der Serienproduktion sichergestellt, insbesondere bei Einbeziehung auch der eventuell beteiligten Zulieferanten. Diese Arbeitsweise unterstützt bei gleicher Zielsetzung durch die Anwendung der unter der Bezeichnung Quality Engineering zusammengefassten Verfahren die zu planenden Produkte und Prozesse.

Die traditionelle Produktentwicklung erfolgt Schritt für Schritt, also sequenziell. Jeder nachfolgende Einzelschritt wird erst dann begonnen, wenn der vorhergehende positiv abgeschlossen ist. Dies führt in der Regel zu einem langen Entwicklungsprozess.

Demgegenüber können mit der überlappenden Bearbeitung erhebliche Einsparungen und damit letztendlich bedeutsame Wettbewerbsvorteile erzielt werden. Weiterhin lässt sich durch eine rechtzeitige Zusammenführung und Auswertung sowie offene Weitergabe der erforderlichen Informationen eine vertrauensvolle, partnerschaftliche Zusammenarbeit

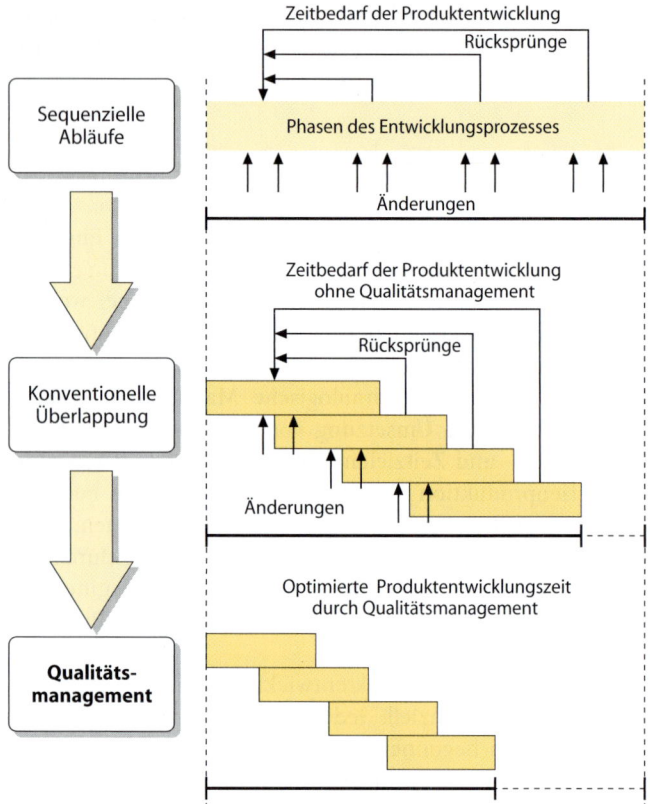

Bild 12: *Simultaneous Engineering*

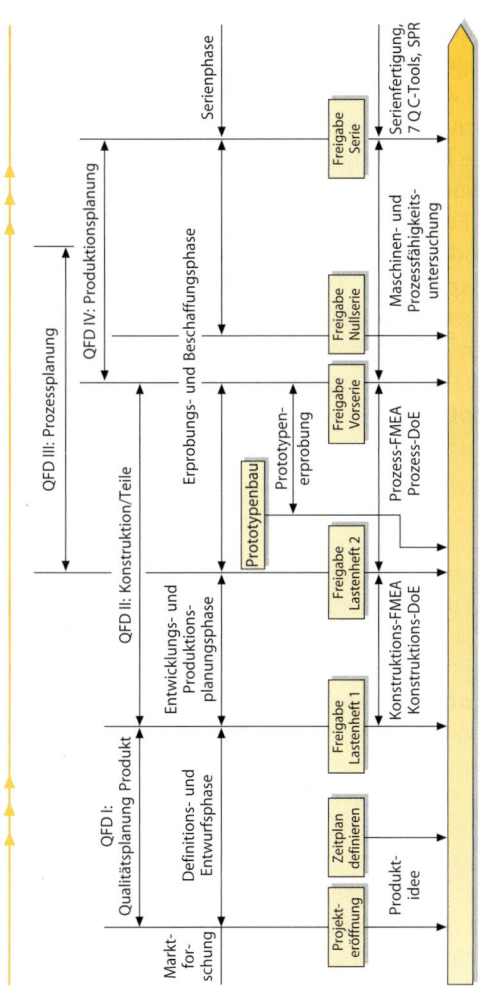

Bild 13: *Quality Engineering*

aller Beteiligten gestalten. Dies bezieht sich sowohl auf andere Abteilungen innerhalb des eigenen Unternehmens (interne Kunden) wie auch auf (externe) Kunden und Zulieferanten.

Zu den Techniken des Quality Engineering gehören vor allem die Fehlermöglichkeits- und -einflussanalyse (FMEA), die Versuchsplanung (Design of Experiments, DoE) und Quality Function Deployment (QFD) (vgl. **Fehlermöglichkeits- und -einflussanalyse, Quality Function Deployment, Versuchsplanung**). Die hohe Wirksamkeit dieser Methoden ist nachgewiesen, dabei wird jedoch eine Durchdringung des gesamten Unternehmens vorausgesetzt, etwa im Sinne von Total Quality Management (TQM) (vgl. **Total Quality Management**).

Ständige Verbesserung/Kontinuierlicher Verbesserungsprozess (KVP)

Im Rahmen seiner 14 Punkte gibt Deming konkrete Anweisungen im Sinne eines Management-Programms für die Einführung einer neuen, auf die Schaffung von Qualität ausgerichteten Unternehmensphilosophie (vgl. **Demings Management-Programm, Demings 14 Punkte**). Das Prinzip der Ständigen Verbesserung wird in einem dieser Punkte beschrieben:

5. Suche ständig nach den Ursachen von Problemen, um alle Systeme von Produktion und Dienstleistung sowie alle anderen Aktivitäten im Unternehmen beständig und immer wieder zu verbessern.

Dabei ist es besonders wichtig, dass die Ständige Verbesserung nicht nur als Methode betrachtet wird, die ein- oder mehrmals auf ein Problem angewendet wird. Sie ist vielmehr als prozessorientierte Denkweise im Sinne einer Geisteshaltung zu begreifen, die gleichzeitig Ziel und grundlegende Verhaltensweise im täglichen (Arbeits-)Leben darstellt.

Mit gleicher inhaltlicher Bedeutung wird Ständige Verbesserung im angloamerikanischen Sprachraum als Continuous Improvement bzw. Continuous Improvement Process (CIP), in Japan als Kaizen bezeichnet (vgl. **Kaizen**).

Darüber hinaus ist das Prinzip der Ständigen Verbesserung aber auch ein eigenständiger Teil der Unternehmensphilosophie von Deming. Es basiert direkt auf den Grundlagen dieses Programms, die als Grundhaltungen bezeichnet werden und als Voraussetzung für eine erfolgreiche Anwendung anzusehen sind:

▶ Jede Aktivität kann als Prozess aufgefasst und entsprechend verbessert werden.

▶ Problemlösungen allein genügen nicht, fundamentale Veränderungen sind erforderlich.

▶ Die oberste Unternehmensleitung muss handeln, die Übernahme von Verantwortung ist nicht ausreichend.

Das Prinzip der Ständigen Verbesserung wird mit dem sog. Plan-Do-Check-Act-Zyklus (PDCA-Zyklus) veranschaulicht, der zugleich Anwendungs- und Erklärungsmodell ist. Dabei wird davon ausgegangen, dass jeder Vorgang als Prozess betrachtet und als solcher schrittweise verbessert werden kann. Die Vorgehensweise erfolgt in vier Teilschritten:

▶ *Planen (plan):* Zunächst ist ein Plan für eine effektive Verbesserung zu entwickeln, wobei überlegt wird, welches die wichtigsten Ergebnisse und die größten Hindernisse sind.

▶ *Ausführen (do):* Danach ist dieser Plan auszuführen, zunächst in kleinerem Maßstab. Alle wichtigen Daten, die Antworten auf die Fragen der Planungsphase geben, sind

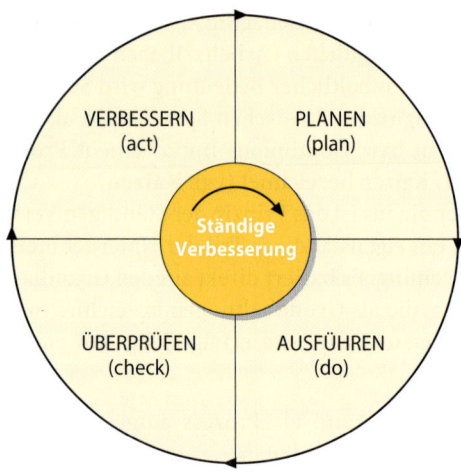

Bild 14: *Plan-Do-Check-Act-Zyklus*

zu sammeln bzw. die festgelegten Änderungen durchzuführen.

▶ *Überprüfen (check):* Anschließend sind die Auswirkungen der Änderungen zu beobachten und die Ergebnisse festzuhalten und zu überprüfen.

▶ *Verbessern (act):* Schließlich werden die Ergebnisse genau betrachtet, um zu erkennen, was an dem Vorgang noch zu verbessern und entsprechend als Eingangsgröße in den nächsten Durchlauf von Bedeutung ist.

Das wiederholte Durchlaufen des Zyklus ist besonders sinnvoll, da jedes Mal das Problem etwas mehr eingegrenzt wird und die Erfahrungen aus den vorhergehenden Zyklen angewendet werden. Trotz der Einteilung in vier Phasen ist der PDCA-Zyklus als Kreis im Sinne eines fortwährenden

Prozesses zu verstehen, in dem jeder seinen Beitrag zur kontinuierlichen Verbesserung leistet.

Statistische/Einfache Prozessregelung

Statistische Prozessregelung (SPR)

Die Statistische Prozessregelung (Statistical Process Control, SPC) ist ein auf mathematisch-statistischen Grundlagen basierendes Instrument, um einen bereits optimierten Prozess durch kontinuierliche Beobachtung und gegebenenfalls Korrekturen in diesem optimierten Zustand zu erhalten. Als wichtigste Hilfsmittel dienen dabei verschiedene Arten von Qualitätsregelkarten. Mit dieser Methode kann eine unmittelbare Prozessverbesserung nicht erreicht werden, da die Statistische Prozessregelung in der laufenden Fertigung (Serienfertigung) angewendet wird, d. h. nach Festlegung der Prozesseinstellungen. Damit sind grundlegende Änderungen am Prozess selbst nicht mehr möglich, es können lediglich kleinere Abweichungen ausgeregelt und Ansatzpunkte für Verbesserungen aufgezeigt werden.

Grundlage der Statistischen Prozessregelung ist die Tatsache, dass sowohl bei der Herstellung als auch bei der anschließenden Vermessung von gefertigten Teilen Unterschiede bezüglich des betrachteten Qualitätsmerkmals feststellbar sind. Der tatsächlich gemessene Wert (Istwert) stimmt also nicht unbedingt mit dem angestrebten Sollwert (z. B. Zeichnungsmaß) überein. Dieses Abweichungsverhalten eines gemessenen Qualitätsmerkmals von seinem Sollwert wird als Streuung bezeichnet.

Als Ursache für das Auftreten von Streuung kommen zufällige und systematische Einflüsse in Frage. Zufallseinflüsse bestehen aus vielen kleinen Einzeleinflüssen, die ständig vorhanden und im Zeitablauf stabil sind. Damit sind zufällige Einflüsse also auch in ihrer Wirkung vorhersagbar. Sie sind jedoch nicht zu beeinflussen und werden deshalb als natürliche Streuung bezeichnet. Die ebenfalls auf einen laufenden Prozess wirkenden systematischen Einflüsse sind auf einen oder wenige große Haupteinflüsse zurückzuführen, die unregelmäßig auftreten und den Prozess instabil und damit nicht vorhersagbar machen. Es ist jedoch möglich, die Ursachen der systematischen Einflüsse zu finden und abzustellen. Dabei hilft die Statistische Prozessregelung, deren Hauptaufgabe die kontinuierliche Beobachtung eines Prozesses im Hinblick auf seine Streuung sowie die Unterscheidung zwischen zufällig und systematisch bedingten Streuungen ist.

Zur Durchführung der Statistischen Prozessregelung werden Stichproben von Teilen aus dem laufenden Prozess gezogen, genau vermessen und die Messergebnisse in ein Formblatt, die Qualitätsregelkarte, eingetragen. Außerdem enthalten die Qualitätsregelkarten eingezeichnete Warn- und Eingriffsgrenzen. Diese sind keine Toleranzen, sondern geben

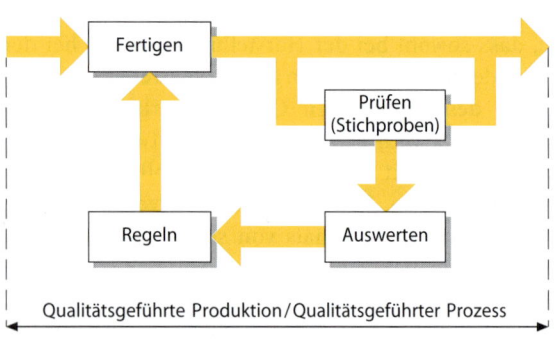

Bild 15: *Statistische Prozessregelung*

lediglich die Grenzwerte der natürlichen zufälligen Prozess-streuung wieder. Stichprobenergebnisse außerhalb der Eingriffsgrenzen sind auf systematische Einflüsse zurückzuführen und erfordern ein sofortiges Eingreifen.

Ziel der Statistischen Prozessregelung ist es, einen statistisch kontrollierten und damit qualitätsfähigen Prozess der laufenden Fertigung in diesem Zustand zu halten. Dazu wird der Prozess kontinuierlich mit Hilfe der Qualitätsregelkarten beobachtet, bewertet und über geeignete Korrekturmaß-nahmen geregelt. Dadurch kann der betrachtete Prozess als Regelkreis aufgefasst und schließlich eine qualitätsgeführte Produktion im Sinne einer fertigungsintegrierten Qualitäts-sicherung erreicht werden.

Einfache Prozessregelung (EPR)

Eine stark vereinfachte Form der Regelkartentechnik wird als Einfache Prozessregelung (EPR) oder auch Preset Control Limits (Precontrol) bezeichnet, da hier die Regelgrenzen von vornherein festgelegt sind. Grundgedanke der Einfachen Prozessregelung ist ein Warnmechanismus, der einsetzt, wenn Veränderungen an den Prozesskenngrößen auftreten und eine hohe Wahrscheinlichkeit dafür besteht, dass das nachfolgend gefertigte Teil außerhalb der vorgegebenen Grenzwerte gefertigt wird. Dabei genügen für die Anwendung der EPR sehr geringe Stichprobenumfänge.

Aus dem Stichprobenergebnis ist zu ersehen, ob die Störung von der Maschineneinstellung oder von einer Verbreiterung der Verteilung verursacht wird. Der Einsatz von EPR wird insbesondere empfohlen, um Prozesse zu überwachen, die zuvor mit den Verfahren der Statistischen Versuchsplanung sicher gemacht und deren Toleranzen bereits optimiert worden sind (vgl. **Versuchsplanung**). Das Prinzip der Einfachen Prozessregelung entspricht dem der Statistischen Prozessregelung, das Verfahren ist jedoch erheblich leichter zu handhaben.

Zur Erstellung einer EPR-Regelkarte wird der Toleranzbereich eines Qualitätsmerkmals zunächst in vier gleich große Bereiche aufgeteilt. Die beiden Bereiche oberhalb und unterhalb des Sollwertes bilden den Beobachtungsbereich (grüne Zone). Die sich nach außen hin jeweils daran anschließenden, noch innerhalb der Toleranzgrenzen liegenden Viertel bilden den Warnbereich (gelbe Zone). Außerhalb der Toleranzgrenzen liegt der Eingriffsbereich (rote Zone).

Nach Anlauf des Prozesses wird eine Stichprobe von fünf aufeinander folgenden Teilen entnommen, vermessen und das Ergebnis in die Regelkarte eingetragen (Startprozedur).

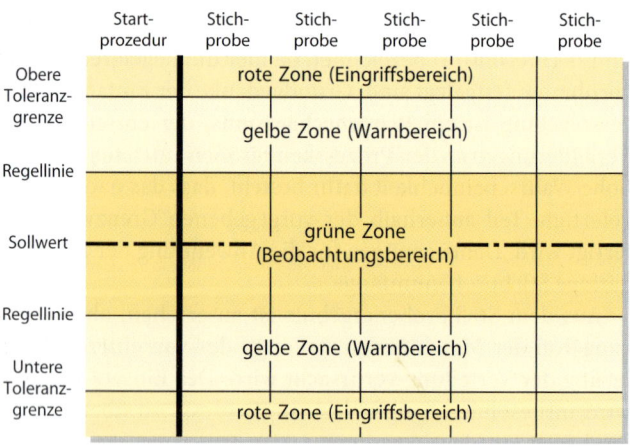

Bild 16: *Einfache Prozessregelung – Regelkarte*

Liegt dabei ein Wert in der gelben oder gar in der roten Zone, muss die Maschineneinstellung überprüft und entsprechend geändert werden, bis alle Messwerte in der grünen Zone liegen. Wenn dies dann der Fall ist, wird der Prozess als beherrscht angenommen. Dann werden in einem festgelegten Abstand Stichproben von jeweils zwei Teilen entnommen und die Messwerte entsprechend in die Regelkarte eingetragen. Nach einer einfachen Vorschrift kann nun entschieden werden, ob in den Prozess eingegriffen wird oder nicht. Danach bedeutet zweimal grün: kein Eingreifen erforderlich, einmal grün und einmal gelb: kein Eingreifen erforderlich, zweimal gelb: Prozess unterbrechen und Störgröße entfernen, einmal rot: Prozess unterbrechen und Fehlerursache beseitigen.

Durch die einprägsame Darstellung mit Hilfe der Ampelfarben und den Verzicht auf umständliche Berechnungen sind die EPR-Regelkarten bei korrekter Anwendung der statistischen Grundlagen trotzdem einfach zu handhaben. Sie können auch schon zu Beginn eines betrachteten Prozesses sinnvoll eingesetzt werden. Hinzu kommen ein insgesamt geringerer Prüfaufwand, die Ersichtlichkeit der Störungsursache sowie die Verwendung von deutlich kleineren Stichprobenumfängen als bei der Statistischen Prozessregelung. Bei vergleichsweise geringem Aufwand werden insgesamt gute Ergebnisse erzielt.

Stichprobenprüfung

Unter Stichprobenprüfung versteht man die Überprüfung eines repräsentativen Anteils von Einheiten aus der betrachteten Grundgesamtheit in Bezug auf die vorgegebenen Prüfmerkmale. Aufgrund des Ergebnisses der Stichprobenprüfung wird auf die qualitative Beschaffenheit der Grundgesamtheit geschlossen. Eine Grundgesamtheit ist die gesamte Anzahl der zur Prüfung vorgestellten Einheiten, meistens ein Fertigungslos, eine Schichtleistung oder eine Liefermenge von Kaufteilen. Die Einheiten der Grundgesamtheit sollten Teile gleicher Art und Zusammensetzung sein, die unter gleichen Bedingungen und in einem festgelegten Zeitraum die letzte Fertigungsstufe durchlaufen haben.

Als Stichprobe bezeichnet man die zufällige oder nach einer anderen Ziehungsvorschrift durchgeführte Entnahme von Einheiten aus einer Grundgesamtheit, an denen die Prüfung vorgenommen wird. Die Anzahl der so durchgeführten Beobachtungen ist der Stichprobenumfang. Hierbei sollten Überlegungen bezüglich der Wirtschaftlichkeit des Prüfaufwandes im Verhältnis zum Prüfrisiko angestellt werden.

Die Stichprobenprüfung kann in Form einer Attributprüfung erfolgen, d. h. es wird nur unterschieden zwischen zwei gegensätzlichen Ausprägungen des Prüfmerkmals (gut/schlecht, vorhanden/nicht vorhanden). Sie kann auch als variable (messende) Prüfung vorgenommen werden, um hier aus konkreten Messergebnissen weitere Informationen für die Prozessverbesserung zu erhalten.

Vorteile der Stichprobenprüfung sind die Berechenbarkeit von Fehlerrisiken, die schnellere Verfügbarkeit der Lose, die geringeren Prüfkosten, die Dokumentation der Produktqualität über die Dokumentation der Stichprobenergebnisse sowie die Möglichkeit einer besseren Auswahl und Schulung des Prüfpersonals, da die Stichprobenprüfung weniger Aufwand verursacht, aber mehr Fachkenntnisse als die Vollprüfung verlangt.

Die wichtigste Stichprobenanweisung ist das Acceptable Quality Level (AQL)-Stichprobensystem zur Attributprüfung nach ISO 2859 (früher DIN 40 080). Diese Vorschrift enthält auch Sprunganweisungen, die in Abhängigkeit von den erreichten Stichprobenergebnissen zu einer verschärften bzw. verminderten Prüfung führen. Der Übergang zur verminderten Prüfung ist eine Kann-Regelung, die bei guter und stabiler Qualitätslage der Stichproben angewendet werden kann und bei der nicht jedes Los geprüft wird.

Der Übergang zur verschärften Prüfung ist eine Muss-Regelung im Sinne einer verbesserten Absicherung des Abnehmers. Bei besonders schlechten Ergebnissen sieht die Norm sogar einen Abbruch der Prüfung und damit eine Ablehnung des Lieferanten vor. Die Sprunganweisungen zur verminderten Prüfung werden als Skip-Lot-Stichprobenprüfungen bezeichnet. Das Überspringen einzelner Lose bei der Prüfung stellt eine Verringerung der Prüfintensität dar, also ein Risiko, auf das sich der Abnehmer aufgrund einer gewissen Anzahl vorhergehender, einwandfreier Lieferungen einlassen kann, aber nicht muss.

Die Vereinbarung von AQL-Werten hatte sich in der Industrie wegen der breiten Anwendung der Stichprobenprüfung von Zulieferungen allgemein durchgesetzt. Damit wird jedoch eigentlich ein bestimmter Anteil von fehlerhaften Einheiten im Los vereinbart, der wegen der unzutreffenden Übersetzung von Acceptable Quality Level als „Annehmbare Qualitätsgrenzlage" von den Zulieferanten häufig als noch zulässig bezeichnet wird. Aus dieser unglücklichen Formulierung wird dann leicht abgeleitet, dass ein entsprechender Fehleranteil vom Abnehmer ohne Widerspruch hinzunehmen ist. Derartige Schlussfolgerungen missdeuten in unzulässiger Weise den Charakter von AQL-Werten, die ja lediglich eine Kennzahl für das Prüf- bzw. Beurteilungsrisiko bei der Stichprobenprüfung von Losen darstellen, aber keinesfalls einen Fehleranteil im Los rechtfertigen sollen. Darüber hinaus widerspricht ein Fehleranteil in Prozent, wie er von AQL-Werten angegeben wird, auch der immer häufiger erhobenen Forderung nach Fehleranteilen, die sich höchstens im Bereich von parts per million (ppm) bewegen dürfen.

Um dieser falschen Auslegung der AQL-Werte zu begegnen, werden sie heute als Grenzwert der Qualitätslage für

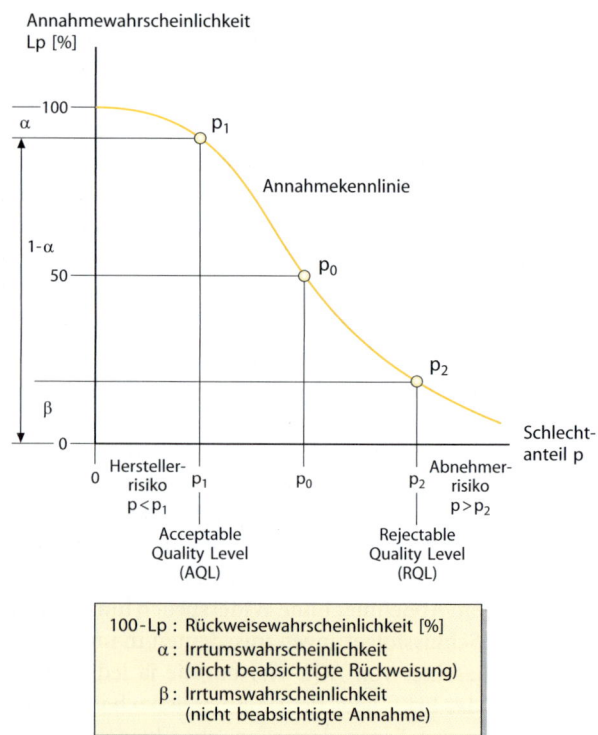

Bild 17: *Annahmekennlinie*

einen Stichprobenplan mit einer relativ hohen Annahme-wahrscheinlichkeit der zugehörigen Stichprobenanweisungen definiert. Hinzu kommt die Kennzahl Rejectable Quality Level (RQL), die entsprechend eine Rückweisewahrscheinlichkeit angibt.

Total Productive Maintenance (TPM)

Total Productive Maintenance – in neuerer Zeit auch als Total Productive Management bezeichnet – stellt ein Konzept zur optimalen Nutzung der Produktionsanlagen auf der Basis von vorbeugender Ausfallvermeidung und ständiger Verbesserung der Anlagenverfügbarkeit dar. Dieser Ansatz zielt darauf ab, dem Maschinenbediener nicht nur die Ausführung der Instandhaltung, sondern auch die Verantwortung für den einwandfreien Zustand der gesamten Produktionsanlage zu übertragen. Dadurch wird dieser zum Experten für Bedienung, Instandhaltung und Fertigung, also für den jeweils gesamten Produktionsprozess.

Nachfolgend werden die fünf Säulen des TPM-Konzeptes kurz skizziert:

1. *Beseitigung der sechs großen Verlustquellen bei Produktionsanlagen:* Verbesserungsteams optimieren die Nutzung der Produktionsanlagen durch Beseitigung der Verlustquellen Anlagenausfall, Rüst- und Einrichtverluste, Leerlauf und Kurzstillstände, verringerte Taktgeschwindigkeit, Qualitätsverluste durch Ausschuss/Nacharbeit, Anlaufschwierigkeiten.
2. *Autonome Instandhaltung:* Dies schließt die eigenständige Durchführung von bestimmten Instandhaltungsmaßnahmen durch die Maschinenbediener ein. Dazu gehören

Wartung (richtige Bedienung, Erhaltung der Grundbedingungen durch Reinigung und Schmierung), periodische Inspektion sowie Instandsetzung (kleinere Reparaturen, genaue Berichterstattung, Unterstützung bei größeren Reparaturarbeiten).

3. *Geplantes Instandhaltungsprogramm:* In Verantwortung der Instandhaltungsabteilung wird ein Programm zur prozessbezogenen Instandhaltung erstellt. Dies zielt auf eine schnelle Entdeckung und Behandlung von Abweichungen durch periodische Inspektion und planmäßige Wiederherstellung der Ausgangssituation.

4. *Schulung und Training:* Schulungs- und Trainingsmaßnahmen sind erforderlich, um die Maschinenbediener in den benötigten Fertigungs- und Instandhaltungsfertigkeiten auszubilden.

5. *Instandhaltungs-Prävention:* Fertigungs- und Instandhaltungskosten sowie Verschleißverluste werden durch vorbeugende Maßnahmen reduziert, um Zuverlässigkeit, Wirtschaftlichkeit, Instandhaltungs- und Bedienungsfreundlichkeit sowie Prozesssicherheit zu gewährleisten und zu steigern.

Total Quality Management (TQM)

Umfassendes Qualitätsmanagement ist die weniger gebräuchliche deutsche Übersetzung von TQM. Die drei Buchstaben symbolisieren die Inhalte des Programms. T steht für den geschäftsbereichsübergreifenden und interdisziplinären Ansatz. Q steht in der Mitte – im übertragenen Sinne im Mittelpunkt. In der Arbeit jedes Einzelnen, für alle Prozesse und das gesamte Unternehmen hat Qualität absolute Priorität. M schließlich weist auf die notwendige Vorbildfunktion und die Beharrlichkeit des Managements bei der Durchsetzung der Qualitätsziele hin.

„Auf der Mitwirkung aller ihrer Mitglieder basierende Führungsmethode einer Organisation, die Qualität in den Mittelpunkt stellt und durch Zufriedenstellung der Kunden auf langfristigen Geschäftserfolg sowie auf Nutzen für die Mitglieder der Organisation und für die Gesellschaft zielt.

Anmerkung 2: Wesentlich für den Erfolg dieser Methode sind die überzeugende und nachhaltige Führung durch die oberste Leitung sowie die Ausbildung und Schulung aller Mitglieder der Organisation.

Anmerkung 3: Der Begriff Qualität bezieht sich … auf das Erreichen aller Management-Ziele …“

Etwa Mitte der 80er-Jahre tauchte der Begriff Total Quality Management zuerst in der fachlichen Diskussion auf. Er geht von Namen und Inhalt her auf den 1961 entwickelten Total Quality Control-Ansatz (TQC) des Amerikaners Feigenbaum zurück. Darauf aufbauend stellte der Japaner Ishikawa das Company-Wide Quality Control-Konzept (CWQC) vor, welches als Erweiterung von Total Quality Control im Hinblick auf eine verstärkte Einbeziehung der Mitarbeiter und der Gesellschaft auf allen Ebenen des Unternehmens angesehen werden kann (vgl. **Company-Wide Quality Control**). Die Total Quality Management-Strategie beinhaltet wiederum die Elemente von Company-Wide Quality Control und geht noch darüber hinaus, indem auch die übergeordnete Unternehmensphilosophie auf das Qualitätsziel ausgerichtet und sogar das Umfeld des Unternehmens einbezogen wird.

Damit kann Total Quality Management als die umfassendste (Qualitäts-)Strategie angesehen werden, die für ein Unternehmen denkbar ist. Vom Kunden über die eigenen Mitarbeiter bis hin zum Lieferanten werden alle Bereiche erfasst und integriert. In diesem Sinne ergibt sich insbesondere aus dem unternehmerischen und wirtschaftlichen Erfolgspotenzial von Qualität sowie der Langfristigkeit und Reichweite eines qualitätsorientierten Ansatzes auch eine Unabweichbarkeit der Einbindung des Qualitätszieles in die gesamte Unternehmenspolitik und die Verknüpfung mit der Unternehmenskultur.

Die drei Bestandteile der Bezeichnung Total Quality Management haben gleichgewichtige Inhalte. Dies sind der umfassende Charakter (Total), Qualität als der gemeinsame Nenner sowie Management im Sinne von Führung (Leadership).

Zur praktischen Umsetzung von Total Quality Management müssen von der Unternehmensleitung organisatorische, personelle und technische Rahmenbedingungen geschaffen werden. Für die eigentliche Umsetzung werden dann die Methoden und Instrumente des Qualitätsmanagements angewendet.

- Partnerschaftliche Kommunikation mit dem Kunden (Kundenorientierung)
- Einbeziehung aller Unternehmensangehörigen (Mitarbeiterorientierung)
- Bereichs- und funktionsübergreifend
- Öffentlichkeitsarbeit (Gesellschafts- und Umweltorientierung)

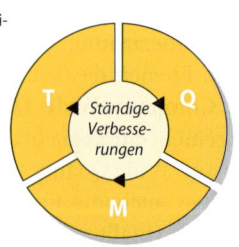

- Qualität des Unternehmens
- Qualität der Prozesse
- Qualität der Arbeit
- Qualität der Produkte

- Führungsqualität (Vorbildfunktion)
- Qualitätspolitik, -ziele
- Team- und Lernfähigkeit
- Beharrlichkeit

Bild 18: *Total Quality Management*

Durchgesetzt hat sich in Europa das Excellence Model – früher Business Excellence Model – der European Foundation for Quality Management (EFQM).

Dieses Modell basiert auf dem Total Quality Management-Konzept. Qualität stellt nicht ein Unternehmensziel unter anderen dar. Sie ist nicht integrierter Bestandteil und damit unauffindbar, sondern beherrschender gemeinsamer Nenner aller Aktivitäten und damit unübersehbar.

Die European Foundation for Quality Management ist eine 1988 erfolgte Gründung von Vorstandsvorsitzenden bedeutender europäischer Unternehmen. Der Sitz der EFQM ist Brüssel (siehe **Pocket Power Total Quality Management**).

Toyota Production System (TPS)

Als Toyota Production System wird das Organisations- und Produktionssystem der japanischen Toyota Motor Company, Ltd. bezeichnet, welches das gesamte Unternehmen umfasst, dabei aber besonders auf die Fertigung ausgerichtet ist.

Dieses System wurde von dem Japaner Taiichi Ohno entwickelt, der auch das Just-in-Time-Prinzip bei Toyota einführte. In diesem Zusammenhang ist Just-in-Time dann ein Konzept zur flexiblen, zeitgenauen Fertigung und Anlieferung, welches in ein schlankes Produktionsmanagementsystem (Lean Production), eben das des Toyota Production System, eingebunden ist. Man kann das Toyota Production System als Referenzanwendung eines schlanken Produktionsmanagementsystems betrachten.

Das Toyota Production System basiert im Wesentlichen auf zwei Bestandteilen. Zum einen steht der Produktionsprozess im Mittelpunkt der Betrachtung. Daraus ergeben sich Unterschiede in den fertigungstechnischen und arbeitsablaufbezogenen Strukturen. Zum anderen ist der Produktionsprozess in ein Managementkonzept integriert, wodurch das Toyota Production System erst zu seiner vollen Entfaltung gelangt. Die folgenden Unterschiede zum traditionellen System von Fertigung und Management sind besonders hervorzuheben:

▶ Betrachtung des Produktionsprozesses als Ort der Wertschöpfung und Quelle des Gewinns.

▶ Gewinn wird definiert als Verkaufspreis minus Kosten, wobei sich der Verkaufspreis durch den Markt ergibt und der Gewinn also in erster Linie von den Kosten des Unternehmens abhängig ist, die es zu senken gilt.

▶ Identifizierung und Eliminierung der sieben Arten der Verschwendung (Sieben Muda), die im Unternehmen auftreten: Überproduktion, Wartezeit, überflüssiger Transport, ungünstiger Herstellungsprozess, überhöhte Lagerhaltung, unnötige Bewegung, Herstellung fehlerhafter Teile.

▶ Ausrichtung des Unternehmens an den Kundenanforderungen, die den Qualitätsmaßstab festlegen.

▶ Verständnis der auf Qualität abzielenden Unternehmenspolitik bei sämtlichen Mitarbeitern.

▶ Qualitätszirkel auf allen Ebenen und Hierarchiestufen des Unternehmens.

▶ Mehrfachbedienung von Maschinen durch einen einzelnen Mitarbeiter.

▶ Jidoka (Autonomation) – selbststeuernde Fehlererkennungssysteme, die den Prozess bei Unregelmäßigkeiten sofort unterbrechen.

▶ Poka Yoke – Einrichtungen und Vorkehrungen zur Vermeidung unbeabsichtigter Fehler.

► Just-in-Time (JiT) und Kanban – Reduzierung der Lagerbestände, Verkürzung der Durchlaufzeiten und Umkehr des Informationsflusses in der Fertigung.

► Einbeziehung der Lieferanten zur Produktion und Anlieferung nach dem Just-in-Time-Konzept.

► Total Productive Maintenance (TPM) – Instandhaltung der Produktionsanlagen durch das Bedienungspersonal, um Maschinenausfälle zu vermeiden.

► Single Minute Exchange of Die (SMED) – Entwicklung eines Systems zur Verkürzung der Werkzeugwechselzeiten, um geringere Losgrößen wirtschaftlich produzieren zu können.

Eine detaillierte Untersuchung des Toyota Production System kann an dieser Stelle nicht vorgenommen werden. Es ist jedoch auf das Vorhandensein von zwei grundsätzlichen Betrachtungsebenen hinzuweisen. Dabei handelt es sich einerseits um den Herstellungsprozess (Process), der die Transformation der Objekte im Produktionsfluss vom Material bis zum fertigen Endprodukt analysiert. Andererseits werden im Handhabungsprozess (Operation) die Verhaltensstrukturen der Menschen und Maschinen untersucht, die den Herstellungsprozess erst ermöglichen. Es wird also die Transformation der Subjekte im Produktionsfluss betrachtet. Aus dieser Sichtweise heraus kann ein Fertigungsunternehmen als ein Netzwerk von Herstellungs- und Handhabungsprozessen verstanden werden.

Versuchsplanung/ Design of Experiments (DoE)

Versuchsplanung ist eine Methode, um die Einstellung der Kenngrößen eines Produktes oder Prozesses vor Beginn der Serienfertigung so vorzunehmen, dass sie optimale Ergebnisse bei möglichst geringer Streuung (Abweichung eines gemessenen Qualitätsmerkmals von seinem Sollwert) liefern. Dabei wird davon ausgegangen, dass auf ein Produkt oder einen Prozess mehrere Einflussgrößen wirken, die wiederum ein oder mehrere Qualitätsmerkmale y (Ausgangsgrößen) beeinflussen.

Bei den Einflussgrößen werden die Steuergrößen z (Parameter) von den Störgrößen x unterschieden. Die Steuergrößen werden einmalig bestimmt und während der Entwicklung festgelegt, so dass eine Veränderung durch den Bediener bzw. Benutzer nicht mehr möglich ist. Die Optimierung der Steuergrößen erfolgt durch die Versuchsplanung. Die Störgrößen x sind gar nicht oder nur sehr aufwendig und kostenintensiv zu kontrollieren. Sie können sich ändern und sind nur statistisch. Die Störgrößen sind die Ursachen für die unerwünschten und unkontrollierbaren Abweichungen eines Qualitätsmerkmals von seinem Zielwert.

Darüber hinaus wirken am Produkt oder Prozess diejenigen Größen, die zwar grundsätzlich vorgegeben sind, aber vom Bediener bzw. Benutzer eingestellt werden können, um den gewünschten Wert der Ausgangsgröße y (Qualitätsmerkmal) zu erzielen. Diese einstellbaren Größen werden als Eingangsgrößen M bezeichnet.

Ziel der Versuchsplanung ist es, die wichtigste und damit qualitätsbestimmende Ausgangsgröße y zu ermitteln und die Steuergrößen z so einzustellen, dass der Prozess oder das Produkt unempfindlich wird gegenüber den Einflüssen der Stör-

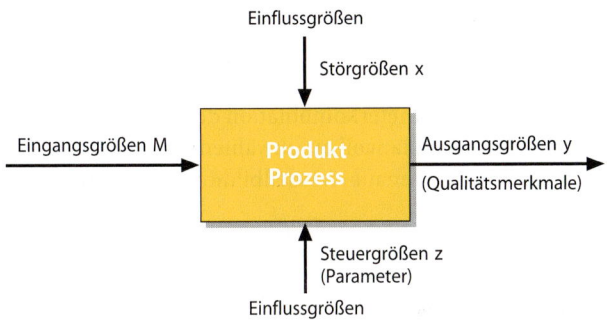

Bild 19: *Einflussgrößen eines Produktes oder Prozesses*

größen x. Auf diese Weise werden Bestwerte für die qualitätsbestimmenden Merkmale bei gleichzeitig geringer Streuung
erreicht. Produkte bzw. Prozesse mit derartig gleichbleibend
optimalen Werten der Qualitätsmerkmale unter allen Ein-
satzbedingungen werden als robust gegenüber Störgrößen bezeichnet (Robust Design).

Die Optimierung der Parameter (Steuergrößen) und
schließlich der Qualitätsmerkmale wird dadurch erschwert,
dass die Funktion für die Abhängigkeit zwischen Einflussgrößen und Qualitätsmerkmal (Ausgangsgröße) nicht bekannt
ist. Um diesen Zusammenhang vollständig zu ermitteln, wäre
eine große Zahl an Versuchen nötig, was sehr viel Zeit erfordern und hohe Kosten verursachen würde. Deshalb kann eine
solche Vorgehensweise bei der Produktentwicklung selten
angewendet werden. Es muss vielmehr eine gezielte Auswahl
der Erfolg versprechendsten Kombinationen zur Ermittlung
des gesuchten Zusammenhanges zwischen Parametereinstel-
lung und Qualitätsmerkmal getroffen werden. Beruht diese
Auswahl jedoch auf ungenau formulierten Erfahrungswerten,
ist meist eine Annäherung an den tatsächlichen Zusammen-

hang nicht möglich, so dass sich auch der gewünschte Erfolg im Hinblick auf eine deutliche und nachhaltige Qualitätsverbesserung nicht einstellt.

Anzahl und Parameterkombination der durchzuführenden Versuche sind also planvoll auszuwählen, um auf diese Weise eine ausreichend genaue Modellbildung bei vertretbarem

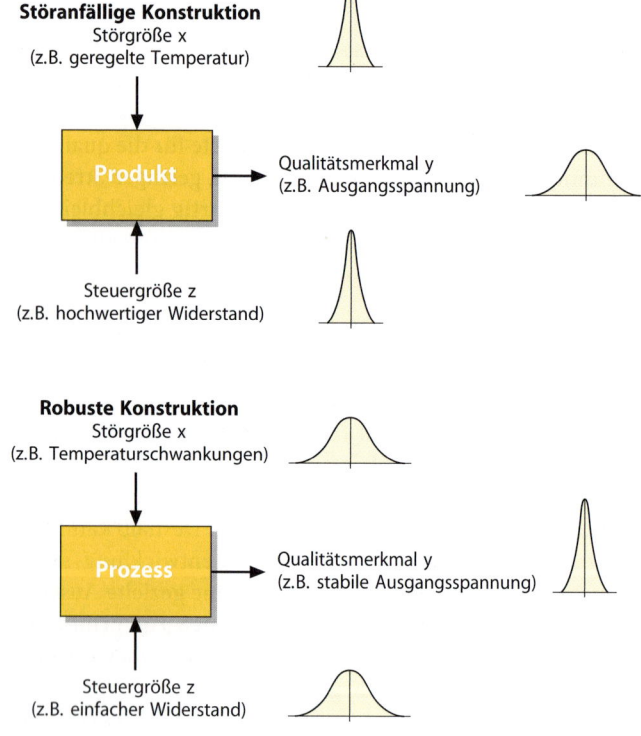

Bild 20: *Ermittlung der qualitätsbestimmenden Ausgangsgrößen*

Einsatz von Zeit und Kosten zu erreichen. Zur Durchführung dieser schnelleren und kostengünstigen Auswahl dient die Versuchsplanung. Sie ermöglicht durch den Einsatz von mathematisch-statistischen Methoden die gezielte Auswahl der günstigsten aus allen denkbaren Parameterkombinationen sowie eine entsprechende Planung der Versuche selbst.

Um die Versuchsplanung, die wegen der umfangreichen Anwendung der Statistik auch statistische Versuchsplanung genannt wird, sinnvoll anwenden zu können, müssen einige Voraussetzungen erfüllt sein. Dazu gehören die Fertigstellung eines Prototyps zur Versuchsdurchführung, die erfolgte Ermittlung der qualitätsbestimmenden Merkmale und der kritischen Produkt- oder Prozessparameter (Steuergrößen) sowie die Festlegung von Zielwerten für die Ausgangsgrößen dieser kritischen Parameter.

Versuchsplanung nach Taguchi

Der Anwendungsschwerpunkt der Versuchsplanung nach Taguchi liegt in der Optimierung von produkt- bzw. prozessspezifischen Qualitätsmerkmalen im Rahmen der industriellen Produktentwicklung. Sie erfolgt in den drei Phasen *System Design, Parameter Design und Tolerance Design,* die im Bild stichwortartig beschrieben sind.

Diese Schritte werden von Taguchi als Off-Line Quality Control bezeichnet und sind bereits vor Produktionsbeginn einzusetzen. Im Gegensatz dazu steht On-Line Quality Control, die als Prozessbeobachtung und -regelung bei bereits laufender Produktion erfolgt (vgl. **Statistische Prozessregelung**).

Ohne zu sehr in mathematisch-statistische Einzelheiten zu gehen, kann Parameter Design als das Kernstück der Taguchi-

System Design
- Systemfestlegung
- Grundlagen der Konstruktion
- Qualitätsmerkmale und Kundenanforderungen vorläufige Festlegung der Produkt- und Prozessparameter

Parameter Design
- Versuchsplanung (Design of Experiments, DoE)
- Bestimmung der Hauptfunktion und der Fehlerquellen
- Bestimmung der Störgrößen und Versuchsbedingungen
- Ermittlung eines funktionsbestimmenden Qualitätsmerkmals und des zugehörigen Signal-Rauschverhältnisses
- Festlegung der Produkt- und Prozessparameter (Steuergrößen) und ihrer Stufen für die Versuchsreihen
- Planung des Matrixexperimentes (Orthogonales Feld und Lineare Graphen) mit innerem Feld (Steuergrößen) und äußerem Feld (Störgrößen)
- Durchführung der Versuchsreihen
- Auswertung der Versuchsergebnisse (Effektanalyse, Signal-Rauschverhältnis, Primäreffekte, Additives Modell, Varianzanalyse, Qualitätsverlustfunktion)
- Bestätigungsexperiment zur Verifizierung und weiteren Optimierung der Parametereinstellungen

Tolerance Design
- Verschärfung bzw. Reduzierung der Toleranzen
- Einsatz besserer Maschinen und Werkzeuge
- Verwendung hochwertiger Materialien Qualitätsverlustfunktion als Entscheidungskriterium

Bild 21: *Versuchsplanung nach Taguchi*

Methode angesehen werden. In dieser Phase werden die Produkte bzw. Prozesse unempfindlich gegenüber qualitätsmindernden Störgrößen gemacht. Dies geschieht auf Basis der Qualitätsverlustfunktion als Maß für den volkswirtschaftlichen Gesamtverlust, der durch jede Abweichung von den Sollwerten entsteht. Eine wichtige Größe stellt dabei das sog. Signal-Rauschverhältnis dar, wobei die Werte der Steuergrößen als Signal und die Störgrößen als Rauschen (noise) bezeichnet werden. Die Auswirkungen der Störgrößen werden entschärft, ohne die Störungen selbst unter Kontrolle zu bringen oder zu beseitigen, was mit hohen Kosten verbunden wäre. Dazu werden Wechselwirkungen zwischen den Steuergrößen ermittelt, die dann entsprechend berücksichtigt werden können.

Versuchsplanung nach Shainin

Bei dieser von dem Amerikaner Shainin zusammengestellten und nach ihm benannten Methodensammlung wird zunächst auf die mathematische Untersuchung der experimentell gewonnenen Daten verzichtet. Stattdessen finden zahlreiche Diagramme Verwendung.

Der Grundgedanke der Versuchsplanung nach Shainin ist das Erkennen und Beseitigen von Problemen. Dazu werden aus der großen Anzahl von möglichen Einflussgrößen (also sowohl Stör- als auch Steuergrößen!) in wenigen Schritten die bedeutsamsten ermittelt, die als Problemursachen in Frage kommen. Sie werden nach der Stärke ihres Einflusses als rotes X (Hauptursache), rosa X und blassrosa X bezeichnet. Für die wichtigsten Problemursachen werden die Einstellungen überprüft und in einem vollständigen Versuch optimiert. Anschließend werden sie für das wichtigste Qualitätsmerkmal eingestellt und toleriert.

Anwendung findet die Versuchsplanung nach Shainin vorwiegend in der Industrie, und zwar mehr in der Fertigung als in der Produktentwicklung. Dies ist ein wesentlicher Unterschied zur Versuchsplanung nach Taguchi. Aus dem Einsatz in der Fertigung folgt, dass in erster Linie laufend anfallende Daten zu untersuchen sind. Grundsätzliche Änderungen von bereits festgelegten Produkten oder Prozessen sind nur noch schwer möglich und mit größter Vorsicht durchzuführen. Aus diesem Anwendungsgebiet ergibt sich als Zielsetzung schwerpunktmäßig die Konzentration auf einige wenige Einflussgrößen, die als Hauptproblemursachen ermittelt und beseitigt werden sollen. Die Methoden nach Shainin und ihre Anwendungsbereiche sind:

▶ *Multi-Variations-Karten:* Erkennen und Einstufen der Haupteinflussgrößen
▶ *Paarweiser Vergleich:* Eingrenzen der wesentlichen Störeinflüsse durch einen Vergleich von Gut- und Schlechtteilen
▶ *Komponenten-Tausch:* Wechselseitiges Vertauschen der Komponenten von guten und schlechten Einheiten mit anschließender grafischer Auswertung der Veränderungen
▶ *Variablen-Suche:* Ermittlung der Haupteinflussgrößen
▶ *Vollfaktorieller Versuch:* Ermittlung der Effekte der Haupteinflussgrößen und ihrer Wechselwirkungen
▶ *Prozessvergleich A zu B (Alt zu Besser):* Bestätigen der gefundenen Haupteinflussgrößen
▶ *Streudiagramm (Korrelationsdiagramm):* Optimierung der Einstellung zur Problemlösung

Die Methoden der Versuchsplanung nach Shainin beinhalten einige spezielle Vorteile, insbesondere im Vergleich zur Taguchi-Methode. Hervorzuheben sind hier das Angebot von mehreren, aufeinander abgestimmten Verfahren zum prob-

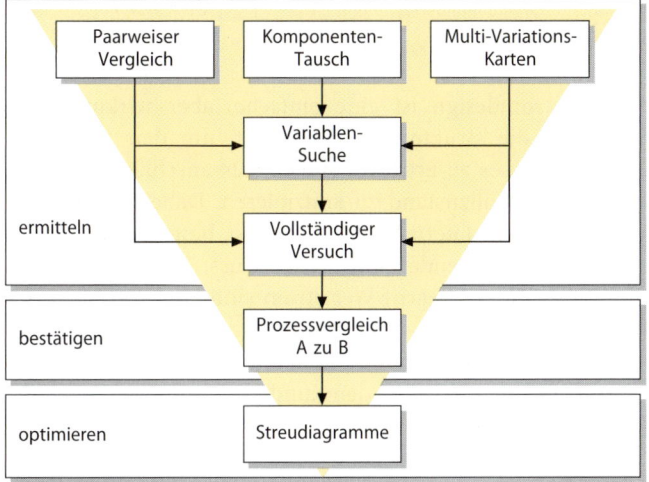

Bild 22: *Methoden der Versuchsplanung nach Shainin*

lembezogenen Einsatz, die leichte Verständlichkeit der Methoden auch für die Mitarbeiter auf Werkstattebene, die Ermittlung und Bewertung der Wechselwirkungen sowie der geringe Versuchsaufwand. Hinzu kommen die auch in der Praxis erwiesene Leistungsfähigkeit der Methoden sowie die Einhaltung statistischer Regeln und Gesetze. Problematisch ist hingegen, dass die Shainin-Methoden meist erst nach Auftreten eines Problems anwendbar sind. Dies widerspricht einer vorausschauenden Fehlervermeidungsstrategie und lässt obendrein die erheblichen Potenziale zur Qualitätsverbesserung und Kostensenkung in den frühen Entwicklungsphasen ungenutzt (vgl. **Simultaneous Engineering und Quality Engineering**).

Wertstromdesign (WSD)/ Value Stream Mapping (VSM)

Wertstromdesign ist eine einfache, aber wirkungsvolle Methode, die strukturiert unterstützt, um den Istzustand eines Prozesses zu erfassen und daraus anschließend einen optimierten Sollzustand zu konzipieren. Dabei wird jedoch nicht nur der Materialfluss im Prozess betrachtet, sondern auch der begleitende Informationsfluss, der den Prozess steuert. Mit dem Begriff Wertstrom sind hier – ähnlich der Wertschöpfungskette – alle Prozesse gemeint, die notwendig sind, um ein Produkt vom Rohmaterial in seinen Endzustand zu transformieren und an den Kunden auszuliefern.

Sämtliche Prozesse werden im Wertstromdesign in solche unterteilt, die wertschöpfend sind, und in solche, die dies nicht sind. Wertschöpfende Tätigkeiten sind diejenigen, bei denen ein Produkt veredelt wird. Während das Produkt ungenutzt im Lager liegt oder von einer Arbeitsstation zur nächsten transportiert wird, ist keine Wertschöpfung erreicht.

Wesentliches Ziel und Prinzip von Wertstromdesign ist es, alle betrachteten Prozesse im Wertstrom so miteinander zu verknüpfen, dass ein kontinuierlicher, störungsfreier Fluss entsteht, auch als Fließprinzip bzw. Continuous Flow Manufacturing (CFM) bezeichnet. Der gesamte Wertstrom wird damit maßgeblich durch den Kundenwunsch im Sinne des Pull-Prinzips bei der Kanban-Steuerung getrieben. Durch eine enge Verkettung der Prozesse innerhalb des Wertstroms erreicht man eine Verkürzung der Durchlaufzeit (DLZ) sowie eine gleichzeitige Reduzierung von Beständen, Fehlern und Ausschuss. Es wird also durch die Vermeidung von Verschwendung (Muda) insgesamt ein schlanker Prozess gestaltet. Hierbei wird auch die Steuerung einzelner Prozesse auf die Steuerung eines gesamten, effizienten, kundenorientierten Wertstromflusses verlagert.

In der praktischen Anwendung des Wertstromdesigns wird zunächst ein Prozess ausgesucht und in seinem Istzustand dargestellt (Current State Mapping). Dabei wird rückwärts vorgegangen, also beim Versand des fertigen Produktes begonnen. So wird Schritt für Schritt weiter zurückgegangen bis hin zum Materiallager. Hierbei ist die Betrachtung der Arbeitsplätze vor Ort von entscheidender Bedeutung, um Zwischenlager, Transport- und Prozesszeiten sowie Rüst- und Liegezeiten genau zu erfassen. Diese Ergebnisse werden zunächst ohne Bewertung notiert und mit geeigneten Mitteln visualisiert. Im zweiten großen Schritt wird der Sollzustand entwickelt (Future State Mapping). Ziel ist dabei ein Prozess mit kontinuierlichem Fluss und möglichst wenigen nicht wertschöpfenden Tätigkeiten. In einer Produktion ist oft die Einrichtung eines sogenannten Supermarktes hilfreich. Dabei handelt es sich um ein Lager, aus dem die Teile nur bei Bedarf entnommen werden. Das Supermarkt-Prinzip liegt auch dem Kanban-System im Rahmen des Toyota Production System (TPS) zugrunde.

Abschließend sind aus dem Sollzustand die notwendigen Verbesserungsaktivitäten abzuleiten und ihre Umsetzung ist in Form eines Aktivitätenplans festzulegen. Besonders große Potenziale lassen sich durch Wertstromdesign in der Produktion und Montage erschließen, jedoch ist auch die Anwendung im administrativen Bereich durchaus sinnvoll und kann zu ungeahnten Prozessverbesserungen und auch finanziellen Einspareffekten führen.

Zertifizierung

Der Ausdruck „Zertifizierung" bezeichnet den Vorgang des Nachweises der Wirksamkeit und Funktionsfähigkeit eines Qualitäts- bzw. Umweltmanagementsystems im Unternehmen (vgl. **Qualitätsmanagementsystem**). Dieser Nachweis wird durch ein externes Systemaudit erbracht, das von einer neutralen Zertifizierungsstelle durchgeführt werden muss (vgl. **Systemaudit**). Dabei auditiert die Zertifizierungsstelle das jeweilige Managementsystem des Unternehmens auf dessen Auftrag hin und vergibt bei Erfüllung der Anforderungen gemäß den sogenannten zertifizierfähigen Normen (in ihrer jeweils gültigen Fassung) DIN EN ISO 9001 (Qualitätsmanagement) bzw. DIN EN ISO 14 001 (Umweltmanagement) ein entsprechendes Zertifikat (vgl. **DIN EN ISO 9000 ff.: 2000**). Dies gilt in ähnlicher Weise für die QS-9000, die VDA 6.1 und insbesondere die ISO/TS 16 949 die spezifischen Forderungskataloge der Automobilindustrie an ein Qualitätsmanagementsystem (vgl. **ISO/TS 16 949: 2002**). Die formale Kompetenz, Unabhängigkeit und Integrität der Zertifizierungsstellen leitet sich aus deren Akkreditierung bei der übergeordneten Trägergemeinschaft für Akkreditierung (TGA) im Deutschen Akkreditierungsrat (DAR) ab.

Die Zertifizierungsverfahren im Sinne der Durchführung eines externen Systemaudits mit dem Ziel der Zertifizierung bzw. Zertifikatserteilung beginnt zunächst mit einem Antrag des zu zertifizierenden Unternehmens bei einer anerkannten (akkreditierten) Zertifizierungsstelle. Es wird ein Vertrag abgeschlossen, in dem sich der Zertifizierer verpflichtet, das Unternehmen durch das Zertifizierungsverfahren zu begleiten. Dieses darf jedoch nicht verwechselt werden mit einem vor dem Zertifizierungsverfahren liegenden Beratungsverfahren zur Einführung des Qualitätsmanagementsystems, da hiermit objektiv ein Zielkonflikt entstehen würde. Das Zertifizierungsverfahren wird üblicherweise in mehreren Schritten durchgeführt:

▶ *Vorbereitung:* Zunächst erhält das zur Zertifizierung anstehende Unternehmen einen Katalog mit einer Reihe von Fragen zu allen Elementen des Qualitäts- bzw. Umweltmanagementsystems. Diese Kurzfragenliste wird in Form einer Selbstbewertung (Self-Assessment) ausgefüllt und dient der Zertifizierungsstelle als Vorbeurteilung, ob das Unternehmen die Grundvoraussetzungen für ein Zertifizierungsaudit erfüllt. Damit können möglicherweise vorhandene, grundlegende Schwachstellen bereits frühzeitig aufgedeckt und vor Durchführung weiterer Schritte im Zertifizierungsablauf beseitigt werden.

▶ *Unterlagenprüfung:* Im nächsten Schritt werden das Qualitäts- oder Umweltmanagementhandbuch und ggf. weitere mitgeltende Unterlagen, z. B. Verfahrens- und Arbeitsanweisungen, von der Zertifizierungsstelle überprüft. Das Unternehmen erhält einen Kurzbericht über das Ergebnis, um eventuelle Schwachstellen der Unterlagen vor Durchführung des Zertifizierungsaudits zu beheben.

▶ *Systemaudit (Zertifizierungsaudit):* Die Durchführung des externen Systemaudits als Zertifizierungsaudit dient der Prüfung, ob die Anforderungen der zugrunde liegenden Norm erfüllt und die in den schriftlichen Unterlagen dokumentierten Tätigkeiten auch tatsächlich im Unternehmen angewendet werden. Es wird in der Regel in Form einer Stichprobenprüfung durchgeführt. Eventuelle Schwachstellen werden in einem Abweichungsbericht (Auditbericht) festgehalten und dem Unternehmen übergeben.

▶ *Zertifikatserteilung:* Nach positivem Abschluss des Zertifizierungsaudits wird das Zertifikat erteilt. Wurden im Auditbericht jedoch kritische Abweichungen festgestellt, so sind diese vor Erteilung des Zertifikates zu beheben. Nicht kritische Abweichungen müssen unter Angabe der Korrekturmaßnahme innerhalb von sechs Monaten behoben werden. Eventuell erforderliche Nachaudits zur Prüfung der Korrekturmaßnahmen können vereinbart werden.

Die Gültigkeitsdauer des Zertifikates beträgt drei Jahre, wenn mindestens einmal im Jahr ein Überwachungsaudit mit positivem Ergebnis durchgeführt wird. Dabei werden die Berichte der betriebsintern durchgeführten Audits, Änderungen des Qualitäts- oder Umweltmanagementsystems und stichprobenartig einige Systemelemente überprüft. Vor Ablauf der Gültigkeitsdauer ist ein Wiederholungs- oder Re-Audit fällig, bei dem die Wirksamkeit des gesamten Systems nochmals stichprobenartig geprüft wird, um die Gültigkeit des Zertifikates um weitere drei Jahre zu verlängern.

Zuverlässigkeit

Die Zuverlässigkeit als zeitraumbezogene Betrachtung von Qualität kann ausgedrückt werden als die Wahrscheinlichkeit, dass eine Einheit unter festgelegten Bedingungen während einer bestimmten Zeitdauer funktionsfähig bleibt. Die Sacheigenschaft Zuverlässigkeit als mengenmäßig nicht festgelegte Größe wird also durch einen Kennwert ausgedrückt. Dies kann entweder die Ausfallwahrscheinlichkeit oder die Überlebenswahrscheinlichkeit sein. Daraus ergeben sich einige wichtige Aspekte der Zuverlässigkeit:

▶ Die Zuverlässigkeit steht in engem Zusammenhang mit der Qualität, sie lässt sich allerdings nicht durch Sortieren erreichen.

▶ Zuverlässigkeit ist eine statistisch messbare Größe. Dazu werden Ausfallhäufigkeiten ermittelt oder durch Wahrscheinlichkeitsrechnung abgeschätzt.

▶ Dem Zeitraum der Betrachtung kommt eine entscheidende Bedeutung zu. Ist er hinreichend lang gewählt, wird bei jeder Einheit die Ausfallwahrscheinlichkeit ansteigen, spätestens am Ende ihrer Lebensdauer (vgl. **Ausfallrate**).

▶ Der Begriff der Funktionsfähigkeit bzw. des Ausfalls einer Einheit muss in Abhängigkeit von den Eigenschaften und dem vorgesehenen Gebrauch der betrachteten Einheit entsprechend ausgelegt werden. Grundsätzlich versteht man unter Ausfall (Failure) das Aussetzen einer Einheit aufgrund einer in ihr selbst liegenden Ursache im Rahmen der zulässigen Beanspruchung. Dies wird auch als Primärausfall bezeichnet, im Gegensatz zum Sekundärausfall, der durch den Ausfall anderer Komponenten eines Systems verursacht wird. Ein Ausfall führt stets zur Funktionsunfähigkeit der betrachteten Einheit.

▶ Aussagen und Anforderungen bezüglich der Zuverlässigkeit sind erst dann vollständig, wenn über Ausfalldefinition, Fehlerkategorien, Einsatzprofil, Beanspruchungsspektrum, Umgebungsbedingungen, Prüfvorschriften und -einrichtungen sowie Vergleiche der Prüfergebnisse mit Felddaten Klarheit besteht.

▶ Die Gesamtzuverlässigkeit eines aus mehreren Elementen bestehenden Systems folgt nicht aus den Zuverlässigkeiten der einzelnen Einheiten, sondern folgt den Gesetzen der Wahrscheinlichkeitsrechnung. Normalerweise nimmt sie im umgekehrten Verhältnis zur Anzahl der Komponenten ab.

Ausfallrate

Eine im Rahmen von Zuverlässigkeitsbetrachtungen häufig herangezogene Kenngröße ist die Ausfallrate $\lambda(t)$. Sie gibt als Funktion der Zeit die in einem Zeitintervall ausgefallenen Einheiten an, bezogen auf den zu Beginn dieses Intervalls noch funktionsfähigen Bestand an Einheiten.

Wird eine instand zu setzende Einheit betrachtet und liegt eine konstante Ausfallrate $\lambda(t)$ vor, so wird die Zuverlässigkeit der Einheit in gleicher Weise von der mittleren Betriebszeit bis zum Ausfall τ beschrieben. Dieser Mittelwert heißt auch Mean Time Between Failure (MTBF) oder mittlerer Ausfallabstand. Die Zeit, die bei instand zu setzenden Einheiten im Mittel für die Behebung eines aufgetretenen Fehlers aufgewendet werden muss, wird als Mean Time to Repair (MTTR) oder mittlere Reparaturzeit bezeichnet.

Ausfallrate $\lambda(t) = 1/MTBF$

Mittlerer Ausfallabstand (MTBF) $\tau = 1/\lambda$

Wird hingegen eine nicht instand zu setzende Einheit betrachtet und liegt wieder eine konstante Ausfallrate $\lambda(t)$ vor, so heißt die mittlere Betriebszeit bis zum Ausfall τ Mean Time to Failure (MTTF) oder mittlere Lebensdauer.

$$\textit{Verfügbarkeit } V = \frac{MTBF}{MTBF + MTTR} \times 100\,\%$$

MTBF und MTTR gehen in die Kenngröße Verfügbarkeit *V* ein, die für instand zu setzende, aus mehreren Einheiten bestehende Systeme angegeben wird. Die Verfügbarkeit kann als Wahrscheinlichkeit dafür ausgedrückt werden, dass sich ein

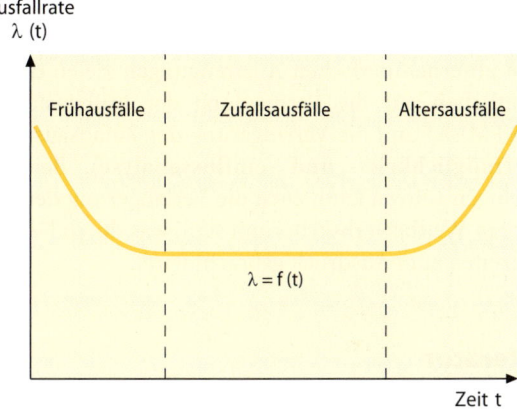

Bild 23: *Ausfallkurve (Veränderungen der Ausfallrate in Abhängigkeit vom Betriebsalter)*

System zu einem beliebigen Zeitpunkt des Nutzungsbeginns in funktionsfähigem Zustand befindet. Es wird also ausgedrückt, in welchem Umfang das betrachtete System tatsächlich für die vorgesehene Nutzung zur Verfügung steht.

Die Ausfallrate $\lambda(t)$ kann jedoch nicht für beliebig große Betriebszeiträume als konstant angenommen werden. Die Zeitspanne einer konstanten Ausfallrate bezeichnet man als Brauchbarkeitsdauer, es treten lediglich Zufallsausfälle auf. Die daran anschließende Verschleißphase ist durch ein Ansteigen der Ausfallrate mit zunehmendem Betriebsalter gekennzeichnet, wobei vermehrt Altersausfälle auftreten. Der Phase mit konstanter Ausfallrate vorgelagert ist die Phase der Frühausfälle mit einer abnehmenden Ausfallrate. Die Veränderung der Ausfallrate in Abhängigkeit vom Betriebsalter wird durch die Ausfallkurve wiedergegeben, die wegen ihrer charakteristischen Form auch „Badewannenkurve" genannt wird.

Die unternehmerischen Anstrengungen zielen derzeit im Wesentlichen auf die Vermeidung der Frühausfälle (z. B. durch FMEA) und die Verringerung der Zufallsausfälle (vgl. **Fehlermöglichkeits- und -einflussanalyse**). Bei an sich langlebigen Gütern kann auch die Verlängerung der Lebensdauer ein Wettbewerbskriterium sein, was durch längere Garantiezeiten zum Ausdruck gebracht wird.

Literatur

Alle Pocket-Power-Bände, siehe hintere innere Umschlagseite.

Bühner, R.: Der Mitarbeiter im Total Quality Management. Stuttgart: Schäffer-Poeschel-Verlag 1993

Covey, S. R.: The 7 Habits of Highly Effective People. London: Simon Schuster 1992

Deming, W E.: Out of the Crisis. 2. Aufl., Cambridge/Mass/USA: MIT Press 1986

DIN – Deutsches Institut für Normung (Hrsg.): DIN EN ISO 9000 ff.: 2000. Berlin: Beuth Verlag

Feigenbaum, A. V: Total Quality Control. 3. Aufl., New York/NY/USA: McGraw-Hill Book Company 1983

Frehr, H.-U.: Total Quality Management. 2. Aufl., München: Carl Hanser Verlag 1994

Hammer, M.; Champy, J.: Business Reengineering. Frankfurt/Main: Campus Verlag 1994

Imai, M.: Kaizen. 4. Aufl., München: Wirtschaftsverlag Langen-Müller/Herbig 1992

Ishikawa, K.: Guide to Quality Control. Tokyo/Japan: Asian Productivity Organization 1988

Juran, J. M.: Quality Control Handbook. 4. Aufl., New York/NY/USA: McGraw-Hill Book Company 1988

Kamiske, G. F. (Hrsg.): RoQ – Rentabel durch Qualität. Berlin: Springer-Verlag 1996

Kamiske, G. F. (Hrsg.): Unternehmenserfolg durch Excellence. München: Carl Hanser Verlag 2000

Kamiske, G. F.; Brauer, J.-P.: Qualitätsmanagement von A – Z. 6. Aufl., München: Carl Hanser Verlag 2007

Kaplan, R. S.; Norton, D. P.: The Balanced Scorecard. Boston: Harvard Business School Press 1996

Kirstein, H.: Von ISO 9000 zum Excellence Model. In: Kamiske, G. F.: Der Weg zur Spitze. 2. Aufl., München: Carl Hanser Verlag 2000

Magnusson, K.; Kroslid, D.; Bergman, B.: Six Sigma umsetzen. 2. Aufl., München: Carl Hanser Verlag 2003

Malorny, Chr.: TQM umsetzen. 2. Aufl. Stuttgart: Schäffer-Poeschel Verlag 1999

Ohno, T.: Toyota Production System – Beyond Large-Scale Production. Cambridge/Mass./USA: Productivity Press 1988

Pfeifer, T.: Qualitätsmanagement. 4. Aufl., München: Carl Hanser Verlag 2008

Schmitt, R.; Pfeifer, T.: Masing Handbuch Qualitätsmanagement. 5. Aufl., München: Carl Hanser Verlag 2007

Shingo, S.: Study of 'Toyota' Production System from Industrial Engineering Viewpoint. Tokyo/Japan: Japan Management Association 1981

Tomys, A.-K.: Kostenorientiertes Qualitätsmanagement. München: Carl Hanser Verlag 1995

Stichwortverzeichnis